Torsten Schwarz

30 Minuten

Online-Marketing

Bibliografische Information der Deutschen Nationalbibliothek

Die Deutsche Nationalbibliothek verzeichnet diese Publikation in der Deutschen Nationalbibliografie; detaillierte bibliografische Daten sind im Internet über http://dnb.d-nb.de abrufbar.

Umschlaggestaltung: die imprimatur, Hainburg
Umschlagkonzept: Martin Zech Design, Bremen
Lektorat: Diethild Bansleben
Satz: Zerosoft, Timisoara (Rumänien)
Druck und Verarbeitung: Salzland Druck, Staßfurt

© 2007 GABAL Verlag GmbH, Offenbach
5., überarbeitete Auflage 2012

Hinweis:
Das Buch ist sorgfältig erarbeitet worden. Dennoch erfolgen alle Angaben ohne Gewähr. Weder Autor noch Verlag können für eventuelle Nachteile oder Schäden, die aus den im Buch gemachten Hinweisen resultieren, eine Haftung übernehmen.

Printed in Germany

ISBN 978-3-86936-414-8

In 30 Minuten wissen Sie mehr!

Dieses Buch ist so konzipiert, dass Sie in kurzer Zeit prägnante und fundierte Informationen aufnehmen können. Mithilfe eines Leitsystems werden Sie durch das Buch geführt. Es erlaubt Ihnen, innerhalb Ihres persönlichen Zeitkontingents (von 10 bis 30 Minuten) das Wesentliche zu erfassen.

Kurze Lesezeit
In 30 Minuten können Sie das ganze Buch lesen. Wenn Sie weniger Zeit haben, lesen Sie gezielt nur die Stellen, die für Sie wichtige Informationen beinhalten.

- Alle wichtigen Informationen sind blau gedruckt.

- Schlüsselfragen mit Seitenverweisen zu Beginn eines jeden Kapitels erlauben eine schnelle Orientierung: Sie blättern direkt auf die Seite, die Ihre Wissenslücke schließt.

- *Zahlreiche Zusammenfassungen innerhalb der Kapitel erlauben das schnelle Querlesen.*

- Ein Fast Reader am Ende des Buches fasst alle wichtigen Aspekte zusammen.

- Ein Register erleichtert das Nachschlagen.

Inhalt

Vorwort

Immer mehr Unternehmen investieren einen immer größeren Anteil ihres Marketingbudgets in Online-Werbung. Allein zwischen 2005 und 2006 stiegen die Ausgaben für Online-Werbung laut Bundesverband digitale Wirtschaft um 84 Prozent. Internet-Unternehmen werden teuer verkauft: Ebay kauft Skype für 2,6 Milliarden Dollar, Google kauft YouTube für 1,6 Milliarden Dollar und Rupert Murdochs News Corporation bezahlt 580 Millionen Dollar für MySpace. Der Goldrausch im Internet hat begonnen. Manche fühlen sich jedoch dabei an die Internet-Euphorie der Jahrtausendwende und das anschließende Platzen der Dotcom-Blase erinnert. Was hat sich also seitdem geändert? Im Jahr 1999 waren gerade einmal fünfzehn Prozent der Bevölkerung online – heute sind es im Schnitt 65 Prozent, bei Jugendlichen sogar 94 Prozent. Auch Kunden mittleren Alters nutzen verstärkt das Internet. Damals verbrachte der Durchschnittsnutzer neun Minuten täglich im Netz, heute sind es fast zwei Stunden. Nun aber der wichtigste Unterschied: 1999 haben sich gerade einmal 3,7 Prozent der Bevölkerung getraut, online etwas zu bestellen. Heute hat fast die Hälfte der Bevölkerung schon einmal online eingekauft. Die Angst vor dem Internet ist vorbei. 1999 wurde gerade einmal eine Milliarde Euro über das Internet ausgegeben. Heute sind es jährlich zwanzig Milliarden. Zwei Drittel der Deutschen sind online. Bei Jugendlichen sind es schon über 95

Prozent, die im Web surfen – die meisten davon täglich. Der Besuch bei Google, Wikipedia und eBay ist so selbstverständlich wie der Gang zum Bäcker. Immer öfter wird das Internet zu Rate gezogen: Partner finden, Wohnung suchen, Auto kaufen, Urlaub planen, Geld überweisen. Viele Unternehmen haben noch nicht erkannt, welche Bedeutung das Internet auch für sie hat. Vor fünf Jahren reichte es noch aus, eine eigene Homepage zu betreiben. Heute gibt es eine ganze Fülle von Möglichkeiten, im Web neue Kunden anzusprechen und bestehende zu halten. E-Mail-, Affiliate- und Suchmaschinenmarketing sind schon fast altbacken. Neue Möglichkeiten der Marktkommunikation bietet das Web 2.0 mit Blogs, Videoportalen, Pod-casts und Communities. Im Folgenden erfahren Sie, welche dieser Themen aus welchen Gründen wichtig sind.

Ich wünsche Ihnen viel Spaß beim Lesen.

Ihr Torsten Schwarz

30 MINUTEN

Warum ist heute der richtige Zeitpunkt, um sein Online-Engagement zu verstärken?

Welche Bereiche des Online-Marketing versprechen den größten Erfolg?

Wie können Sie Ihre Online-Aktivitäten optimal in die traditionelle Kommunikation integrieren?

1. Die Bedeutung des Online-Marketing

Früher war alles einfacher: Online-Marketing bedeutete eine Homepage mit einer Unternehmensdarstellung und im besten Falle noch etwas E-Mail-Marketing. Heute steht eine Vielzahl von Möglichkeiten zur Auswahl. Schlagworte wie Second Life, Web 2.0, Social Networks, Blogs und nutzergenerierte Inhalte machen die Runde. Dieses Buch beschränkt sich auf die Anwendungen, die sich in der unternehmerischen Praxis bewährt haben.

1.1 Trends im Online-Marketing

In einer Umfrage wurden 2007 die Budgetveränderungen bei Online-Marketing-treibenden Unternehmen untersucht. Es gibt vier Online-Marketing-Instrumente, die von über achtzig Prozent der Unternehmen eingesetzt werden und mit denen über sechzig Prozent der Befragten zufrieden sind:

- Usability: Nutzerführung und Inhalte auf der eigenen Homepage verbessern

- Suchmaschinen-Optimierung (SEO): in Trefferlisten weiter oben erscheinen
- Web-Controlling: Auswertung der Klicks auf Homepage und Newsletter
- E-Mail-Marketing und Newsletter, um Interessenten und Kunden zu kontaktieren

1.1.1 Die wichtigsten Schritte

Im Folgenden erfahren Sie, welche Themen warum wichtig sind und wo sie in der Gliederung dieses Buches vertieft werden. Die Gliederung ist als aufeinander aufgebautes „Kochbuch" zu verstehen und besteht aus 13 Schritten. Sie können danach eine eigene Strategie entwickeln oder in dieser Reihenfolge Ihre bereits realisierten Aktivitäten überprüfen.

Schritt 1: Online und Offline kombinieren

Nur wenige Unternehmen operieren ausschließlich im Internet. Big Player wie Weltbild, Douglas oder Conrad bedienen jeweils drei Kanäle: Online-Shop, Katalog und Filialnetz. Wenn Sie keinen Online-Shop haben, so nutzen Sie die Homepage, damit sich Kunden vor dem Kauf informieren können oder nach dem Kauf Serviceangebote erhalten. Weisen Sie online immer auf Ihren stationären Standort und dort wiederum auf das Internet hin. Weisen Sie bei Vorträgen, Messen oder anderen Veranstaltungen immer darauf hin, welche Informationen Sie auch im Web bereitgestellt haben.

Schritt 2: Zielgruppen definieren

Eine der Stärken des Internet besteht für etablierte Unternehmen darin, dass sie hier neue Zielgruppen ansprechen können. Kennen Sie Ihre Web-Besucher? Wer sind Ihre Online-Zielgruppen und worauf legen sie Wert? 94 Prozent der Jugendlichen sind online. Bieten Sie dieser Zielgruppe etwas? Über neunzig Prozent der Internetnutzer gehen vor dem Einkauf online, um sich über Produkte zu informieren. In fast allen Branchen ist das inzwischen der Normalfall. Je spezieller Ihr Angebot ist, desto wichtiger das Internet.

Schritt 3: Grafische Gestaltung der Homepage – Usability verbessern

Eine Homepage zu gestalten bedeutet primär, die „Usability" zu verbessern. Der vom Online-Pionier Jakob Nielsen geprägte Begriff „Usability" bedeutet „Nutzbarkeit". Besucher einer Webseite finden bequem und intuitiv das, was sie suchen. Hier geht es darum, herauszufinden, was der Besucher will und wie er dieses Ziel möglichst effizient erreicht. Wer in weniger als einer halben Minute bei Amazon ein Buch bestellt hat, kommt gerne wieder. Jeder zusätzliche Klick vergrault die Hälfte der Besucher.

Schritt 4: Suchmaschinen-technische Gestaltung

Um Neukunden anzusprechen, muss man dort präsent sein, wo Interessenten suchen: in Suchmaschinen! Nur wenn die eigenen Webseiten für Suchmaschinen optimiert sind, gelingt das. Wer eine Reihe von Punkten beachtet, schafft es ohne Weiteres, mit den richtigen Suchwortkombinationen unter die Top Ten der Trefferlisten von Suchmaschinen zu kommen. Aber Vorsicht: Wer hier trickst, riskiert die totale Verbannung aus dem Suchindex.

Schritt 5: Neukundengewinnung durch mehr Suchmaschinenoptimierung

Optimierte Webseiten sind die Grundvoraussetzung. Externe Hyperlinks sind das Sahnehäubchen der Suchmaschinenoptimierung. Nicht nur die interne Verlinkung sondern besonders auch externe Links spielen für Suchmaschinen eine wichtige Rolle: Sie sind nämlich schwerer zu manipulieren. Hyperlinks sind wie Empfehlungen: Je mehr Empfehlungen eine Webseite hat, desto wichtiger ist sie aus der Sicht von Suchmaschinen.

Schritt 6: Neukunden mit Suchwortanzeigen angeln

Suchmaschinenoptimierung ist anstrengend und langwierig. Oft sind die Früchte der Arbeit erst Monate später zu sehen. Suchwortanzeigen hingegen können von der einen auf die andere Minute online gebucht werden. Das Ergebnis ist sofort sichtbar. Wenn die Werbung zu gut läuft und lange Lieferzeiten drohen, kann die Kampagne ebenso schnell gestoppt werden,

wie sie per Mausklick anschließend wieder „einge-
schaltet" wird. Auch hier gilt es einige Regeln zu beachten, damit die Kosten nicht unermesslich steigen
und die Wirkung verbessert wird.

Schritt 7: Grafische Werbung schafft Image und Aufmerksamkeit

Früher war Bannerwerbung ein Synonym für Online-
Neukundengewinnung, heute hat die Bedeutung abge-
nommen. Auch wenn die reinen Klickraten nicht immer
überzeugen, so ist die Imagewirkung für die Markenbildung unbestritten und mit Zahlen belegt. Wenn
ein Marketingbudget vorhanden ist, so gehören auch
Banner mit ins Portfolio.

Schritt 8: Noch mehr neue Kunden: Affiliate Marketing, E-Mail und Web 2.0

Neben Suchmaschinen und Werbebannern gibt es noch
eine dritte wichtige Säule der Online-Neukundengewinnung: Das sind Partnerprogramme. Fast alle
erfolgreichen Online-Shops setzen auf dieses Instru-
ment: Die Partner setzen ein Werbemittel auf die eigene Homepage und kassieren für jeden Kaufabschluss
eine Provision. Es gibt es natürlich noch weitere Wege,
neue Besucher auf die Homepage zu locken. Das Web
2.0 bietet vielfältige Möglichkeiten. Auch Domainmar-
keting, Mobile- und E-Mail-Marketing spielen eine Rolle.

Schritt 9: Die Kür: Besucher auf der Homepage binden

Usability ist wichtig, noch wichtiger aber sind interessante Inhalte auf der Homepage. Welche Produktinformationen werden gesucht? Welche Serviceangebote sollten rund um die Uhr bereitgestellt werden? Wie können die Inhalte aktuell gehalten werden? Wann macht es Sinn, eine eigene Community aufzubauen? Welche Rolle können Blogs oder nutzergenerierte Inhalte spielen?

Schritt 10: Elektronisches Direktmarketing per E-Mail

Ebenfalls zum Pflichtprogramm gehört E-Mail-Marketing. Dabei geht es weniger darum, neue Adressen zu mieten, sondern um den regelmäßigen Kontakt zum eigenen Interessentenstamm. Es wäre töricht, einen Interessenten auf die Homepage zu locken, ohne ihn nach der E-Mail-Adresse zu fragen. Wer es richtig macht, kann mit geringen Kosten viele Interessenten regelmäßig kontaktieren. Über 95 Prozent der Versandhändler setzen inzwischen E-Mail-Newsletter ein.

Schritt 11: Im Social Web Präsenz zeigen

Ebenfalls zum Pflichtprogramm gehört heute das Thema Social Web. Gemeint sind Webseiten, auf denen die Nutzer selbst kommentieren und mitmachen können. Am weitesten verbreitet sind dabei Weblogs.

Schritt 12: Online-Pressearbeit

Gute Pressearbeit ist für den Markenaufbau mindestens so wichtig wie gute Werbung. Das Internet ist für Journalisten das wichtigste Rechercheinstrument. Viele Unternehmen vernachlässigen jedoch ihren Online-Pressebereich. Dabei gibt es einige einfache aber wirksame Hilfsmittel.

Schritt 13: Erfolgsmessung online

Kein Medium bietet so viele Möglichkeiten, den Werbeerfolg präzise zu messen, wie das Internet. Die Auswertung von Logfiles ist längst Schnee von gestern. Moderne Systeme erlauben die minutengenaue Auswertung bequem und ohne viel Aufwand. Woher kamen die Besucher, wer hat was gekauft oder angesehen? Welche Suchworte bringen die besten Ergebnisse? Welche Zielgruppen interessieren sich für welche Themen? Nicht umsonst gehört dieses Thema zum Pflichtprogramm.

1.1.2 Technische Voraussetzungen

Fast alle Anwendungen laufen heute in großen Rechenzentren und sind meist gemietet. Ob Sie eine Homepage einrichten, ein Weblog aufsetzen oder ein Video online stellen: In den allermeisten Fällen werden Sie über einen „Application Service Provider" (ASP) arbeiten. Das sind Anbieter, die sowohl Hard- als auch Software als fertige Anwendung gegen ein Entgelt bereitstellen. Nicht selten sind die Dienste sogar umsonst.

In diesen Fällen finanziert sich der Dienst meist durch Werbung. Das Einzige, was Sie selbst als Software benötigen, ist ein Browser. Mit dem Browser als Benutzeroberfläche stellen Sie Inhalte auf Ihre Homepage, buchen Anzeigen oder verwalten Ihre E-Mail-Adressen. Auch beim professionellen E-Mail-Marketing nehmen Sie den Dienst eines „E-Mail-Service-Providers" in Anspruch. Mehr dazu auf Seite 67. Sie benötigen auch keine Software zur Gestaltung von Webseiten. Stattdessen sollte Ihre Homepage unter einem Content-Management-System laufen, für das Sie ein einziges Mal einen grafischen Entwurf gestalten, der dann automatisch auf alle Seiten angewendet wird. Auch Ihre Kennzahlen ermitteln Sie über spezielle Service-Provider: Web-Controlling-Systeme analysieren unabhängig Ihre Besucherströme. Unter dem Schlagwort Web 2.0 gibt es unzählige Dienstleistungen, die personalisiert im Internet zur Verfügung stehen. Sie können bei *Myspace* Ihre Homepage einrichten, bei *Flickr* Ihre Fotos verwalten, bei *YouTube* Ihre Videos hochladen, bei *Mister-Wong* Ihre Lieblings-Webseiten verwalten und bei *Blog.de* Ihr Online-Tagebuch anlegen. Ihre persönliche Startseite bei *Google* einzurichten ist ebenso bequem wie *News-Alert*, der Clipping-Service für Pressemitteilungen, den die Suchmaschine bietet. Web 2.0 bietet die Möglichkeit, selbst mitzumachen. Probieren Sie es aus! Besuchen Sie die Mitmach-Portale, melden Sie sich an und publizieren Sie selbst eigene Inhalte: http://www.marketingboerse.de/Fachartikel/details/Mitmach-Web

1.1.3 Tipps für die Dienstleisterauswahl

Sicher können Sie im Internet vieles alleine machen. Es gibt jedoch viele Anwendungen, wo die Erfahrungen von Menschen weiter helfen, die sich tagtäglich mit einem Spezialgebiet beschäftigen.

- Schreiben auf, was Ihre Anforderungen sind und wie Sie sich das Ergebnis vorstellen.
- Legen Sie fest, wie viel Sie bereit sind, dafür auszugeben. Informieren Sie sich über Verzeichnisse, Marktübersichten, Suchmaschinen, Bekannte und Fachartikel, welche Anbieter es gibt und welche davon in Frage kommen.
- Vergleichen Sie Referenzen, Auszeichnungen und Projekte. Lassen Sie sich Informationsmaterial zusenden.
- Fragen Sie im Unternehmen, ob es bereits Kontakte zu Mitarbeitern der Agentur gab.
- Präzisieren Sie Ihre Anforderungen, Erwartungen und Rahmenbedingungen schriftlich in verständlicher, strukturierter Form und holen Sie schriftliche Angebote ein.
- Machen Sie sich aufgrund der vorliegenden Informationen und eventueller persönlicher Gespräche ein Bild über Charakter, Eigenarten und die Unternehmenskultur der Agentur.

Wenn es zu einem Pitch kommt, achten Sie auf Informationsgleichheit und darauf, dass die Aufgabe gleichlautend schriftlich an mindestens drei

Dienstleister geht. Achten Sie darauf, dass beim Pitch alle Ihre Entscheider anwesend sind. Beschreiben Sie beim Briefing die Anforderung, Anwendungsbereiche sowie den von Ihnen erwarteten Nutzen. Liefern Sie alle verfügbaren Informationen über Ihr Unternehmen und die bereits erfolgten Agenturarbeiten. Beschreiben Sie Ihr Unternehmen, Ihre Produkte, Ihren Markt, Ihre Zielgruppe, Ihre Mitbewerber und Ihre Marketing- und Kommunikationsziele. Schaffen Sie bei einem zweiten Treffen eine offene Gesprächsatmosphäre und stellen Sie sicher, dass alle Fragen der Agentur gestellt und beantwortet werden. Legen Sie gemeinsame Meilensteine fest. Fertigen Sie ein Protokoll an, das Sie sich bestätigen lassen.

1.2 Offline und Online kombinieren

Keiner surft freiwillig auf hunderten von Webseiten herum. Entsprechend fehlt das, was im normalen Geschäftsleben als „Laufkundschaft" bezeichnet wird. Wer Online-Besucher haben will, muss etwas dafür tun. Entweder durch Online-Werbung oder eben offline. Sinnvoll ist immer eine Kombination der Maßnahmen. Wenn Sie gerade in TV und Print eine große Kampagne durchführen, werden Sie auch ohne Nennung der Webadresse erhöhte Besucherzahlen im Web messen. Schlauer ist es jedoch, den Dialog in reichweitenstarken

Medien wie Print zu starten, dann aber gleich auf das Web als Dialogkanal hinzuweisen. Interessenten können sich registrieren und mit dabei sein. Das kann dann ein Gewinnspiel oder die Teilnahme an einem Blick hinter die Kulissen des Unternehmens sein.

1.2.1 Multichannel Marketing ist Pflicht

Fast alle Unternehmen sind heute online, aber nur wenigen gelingt es, die Kanäle wirksam zu verbinden. Weltbild, Douglas oder Conrad bedienen jeweils drei Kanäle: einen Online-Shop, einen Katalog und ein Filialnetz. Wer bei Globetrotter den Katalog bekommt, wird auf das Internet hingewiesen. Online wiederum kann man den Katalog bestellen. Wer die Filiale besucht, kann auch im Internet surfen oder den Katalog mitnehmen.

Wichtig ist, dass beim Wechsel des Kommunikationskanals der Kunde nicht den Anbieter wechselt. Der Online-Marketing-Experte Christian Bachem bezeichnet diese Wechselpunkte als Switchpoints. Das Surfen im Internet und der anschließende Kauf im Laden. Oder die spontane Kaufidee beim Shoppen und das Recherchieren nach weiteren Produktinformationen im Internet.

Beispiele:

Ein Elektroinstallateur, der auf der Fachmesse mit einer Voltimum-Hostess spricht, bekommt am nächsten Morgen von dieser eine persönliche E-Mail mit Foto. Wer bei Aldi einkauft oder bei Aral tankt, konnte sich früher nur gedruckte Prospekte mitnehmen. Heute kommunizieren

beide Unternehmen direkt mit ihren Kunden per E-Mail.
Das Bedienen mehrerer Kommunikationskanäle lohnt sich: Kunden, die mehrere Kanäle nutzen, kaufen auch mehr. Wenn Sie keinen Online-Shop haben, so nutzen Sie die Homepage, damit sich Kunden vor dem Kauf informieren können oder nach dem Kauf Serviceangebote erhalten. Weisen Sie online immer auf Ihren stationären Standort und dort wiederum auf das Internet hin. Verweisen Sie bei Vorträgen, Messen oder anderen Veranstaltungen immer darauf, welche Informationen Sie auch im Web bereitgestellt haben.

1.2.2 Kunden regelmäßig kontaktieren

Der regelmäßige Kontakt mit Kunden ist das Herz einer erfolgreichen Kundenbeziehung. Da man einen Kunden nicht ständig zum Abendessen oder zum Outdoor-Event einladen kann, werden seltene teure Kontaktmaßnahmen durch häufigere preiswertere Kontakte ergänzt. Hier kann der elektronische Kontakt eine ergänzende Rolle spielen. Beim Discounter Lidl ist es neben den Filialen der einzige direkte Kanal zum Kunden. Aber auch Unternehmen, die sich einen teuren Außendienst leisten, ergänzen die Besuche durch Telefonate und E-Mails. Ihren Telefon-Service ergänzen manche Unternehmen, indem sie Informationen auch rund um die Uhr online anbieten oder ein automatisches E-Mail-Response-Management-System einsetzen.
Wichtig ist auch hier die Entscheidung, welches Medium an welcher Stelle am besten passt. Besonders deut-

lich wird das beim Vergleich von klassischem E-Mailing und Briefmailing. Das eine ist preiswert, wird aber nicht immer gelesen. Das andere ist teurer, dafür aber aufmerksamkeitsstärker. Dafür ist es bei der E-Mail wiederum leichter, zu reagieren.

1.3 Online auf Offline hinweisen

Kombinieren Sie! Eine E-Mail kündigt den Brief mit der Einladung an und eine Nachfass-E-Mail enthält nochmal als Reminder den Link zum Anmeldeformular. Die kurzfristige Änderung des Veranstaltungsorts wird per E-Mail kommuniziert, die Kenntnisnahme per Mausklick bestätigt. Angerufen werden müssen nur noch diejenigen, die nicht bestätigt haben. So lässt sich viel Zeit sparen.

Kosten eines Kundenkontakts

Messe 150 €	Brief 1 €
Außendienst 130 €	SMS 0,06 €
Filiale 15 €	E-Mail 0,02 €
Telefon 5 €	Web 0,001 €

Weisen Sie offline auf Online-Angebote hin
Zum Glück leben wir alle im realen Leben und nicht im Internet. Wenn Sie etwas Interessantes im Internet haben, sollten Sie im echten Leben darauf hinweisen, wo immer Sie können. Hier nur einige Beispiele:

- Antwort-Postkarten
- Bauplanen
- Briefpapier
- CD-ROM
- Einkaufstüten
- Freistempler
- Kataloge
- Kino
- Kugelschreiber
- Mousepads
- Notizblock
- Plakate
- Postkarten
- Produkt-Verpackung und vieles mehr

Bauen Sie Ihre Hompage zum Beratungs-Portal aus. Bieten Sie Anleitungen, Tipps und Tricks an. Bauen Sie eine übergreifende Datenbank über alle Kanäle hinweg auf. Bestellen Sie Produkte online und lassen Sie sie in der Filiale ausprobieren. Nehmen Sie in den Filialen Onlinebestellungen an. Begleiten Sie Ihre klassische Werbung durch Suchmaschinenkampagnen. Schalten Sie Anzeigen in lokalen Onlinediensten. Locken Sie mit Onlinecoupons aus der virtuellen Welt in die reale und verteilen Sie Coupons, die im Online-shop eingelöst werden können.

1.4 Zielgruppen definieren

Im Internet sprechen Unternehmen neue Zielgruppen an. Während Kunden in ein Filialgeschäft gehen, denen das Einkaufserlebnis wichtig ist, steht im Web oft die Bequemlichkeit im Vordergrund. Auch wird das Web von Menschen genutzt, die sich einfach einmal unverbindlich informieren wollen oder Fragen zu bereits gekauften Produkten haben. Auch spezielle Zielgruppen wie Vertriebspartner, Job-Bewerber oder Journalisten sprechen Sie über Internet an.

Was erwarten die Zielgruppen online?

Im ersten Schritt definieren Sie die Zielgruppen, die Sie über das Internet ansprechen wollen. Im zweiten Schritt überlegen Sie, was diese Zielgruppe wohl bei Ihnen auf der Homepage suchen könnte. Der einfachste Weg, um das herauszufinden, ist das Telefon: Welche Fragen stellen Menschen, die bei Ihnen anrufen? Beantworten Sie all diese Fragen online. Weisen Sie am Telefon darauf hin, welche interessanten Zusatzangebote Sie zu der gestellten Frage im Internet haben. Der Erfolg: Sie sparen Zeit am Telefon und der Anrufer erhält mehr Informationen, als er erwartet hatte. Orientieren Sie sich bei Ihrem gesamten Online-Angebot nur daran, was am häufigsten gefragt wird. Fragen die meisten Menschen Sie am Telefon nur nach den Öffnungszeiten? Dann stellen Sie die Öffnungszeiten gleich auf die erste Seite. Wenn Menschen nur wissen wollen, wo sie die nächste Filiale finden, stellen Sie den Filialfinder nach vorne. Wichtig ist, dass möglichst viele Menschen mit wenigen Klicks zum Ziel kommen.

30 MINUTEN

2. Gestaltung der Homepage

Das A und O des Online-Marketing ist eine professionell gestaltete Homepage. Dabei geht es weniger um Schönheit, als vielmehr um praktische Aspekte: Findet der Nutzer, was er sucht? Und findet die Suchmaschine alles, was sie braucht, um die Seite für gut zu befinden und hoch zu bewerten?

2.1 Grafische Gestaltung

Was sehen Sie, wenn Sie in ein Parkhaus fahren? Richtig: Eine Schranke! Sie öffnen das Fenster und blicken auf einen Parkscheinautomaten. Intuitiv drücken Sie den Knopf, ein Ticket kommt heraus und die Schranke geht auf. Manchmal passiert es jedoch, dass stattdessen eine Stimme aus dem Lautsprecher schnarrt: „Was woll'n Sie?" Sie sagen: „Na was schon, einen Parkschein natürlich". Darauf die Lautsprecherstimme: „Können Sie nicht lesen, dies ist der Pförtnerruf und nicht die Parkscheintaste". Das kann zwei Ursachen haben.

1. Das DAU-Problem. Das bedeutet „Dümmster Anzunehmender User". Der drückt immer auf den falschen Knopf.
2. Der Automat ist nicht nutzerfreundlich gestaltet.

Nutzerfreundliche Gestaltung bedeutet, die Wünsche der Zielgruppe zu kennen. 99 Prozent der Parkhausbesucher wollen einen Parkschein, ein Prozent braucht Hilfe vom Pförtner. Also sollte es einen großen, unübersehbaren Knopf in der Mitte des Kastens geben und einen winzigkleinen in der Ecke. Wer den Pförtner sprechen will, weiß, dass er etwas anderes will als Andere. Also sucht er. Wer aber einen Parkschein will, denkt nicht nach, sondern drückt einfach. Deshalb ist es für Sie so wichtig, zu wissen, was Ihre Anrufer am Telefon fragen.

2.1.1 Usability

Auf die Frage nach der Gestaltung der Homepage sollten Sie folgendes beachten: Es geht nicht darum, in Schönheit zu sterben. Vielmehr ist wichtig, dass viele Menschen mit möglichst wenig Klicks an ihr Ziel kommen. Denn das Auge soll sofort das finden, wonach es sucht. Nehmen wir das Impressum: Viele Menschen wissen nicht, was das Wort bedeutet. Trotzdem hält, wer eine Telefonnummer sucht, oft nach dem Impressum Ausschau. Dort finden sich alle Angaben, die auch auf Ihrem Briefpapier stehen. Natürlich sollte trotzdem auch noch eine Kontaktseite mit Telefonnummer und E-Mail-Adresse existieren. Manche Homepagebetreiber sind stolz auf ihre hohe Verweilzeit. Sie meinen, dass die Inhalte ihrer Webseite so spannend sind, dass die Nutzer sich vor Begeisterung nicht davon losreißen können. Das Gegenteil ist oft der Grund: Die Nutzer suchen viel zu lange, finden nichts und sind frustriert. Keiner surft gerne durchs Internet. Das Web ist ein Automat, um bestimmte Dinge zu erledigen, die erledigt werden müssen. Machen Sie es den Menschen leicht, die gewünschten Informationen zu finden! Umso mehr gilt das Gebot des schnellen Findens, wenn es um Landingpages geht. Das sind diejenigen Seiten, auf die Besucher im Rahmen teurer Werbekampagnen gelotst werden. Wenn es eine Landingpage nicht schafft, den Nutzer zum Kauf zu bewegen, ist die ganze Kampagne umsonst. Wenn eine Landingpage doppelt so viele Registrierungen bringt wie der Alternativentwurf, haben Sie bei Suchwortanzeigen das doppelte Budget zur Verfügung.

Auf der folgenden Seite erhalten Sie drei wichtige Tipps zur Gestaltung Ihrer Webseite.

Und hier 3 Tipps zur Gestaltung:

Einfachheit:

Schmeißen Sie alles von Ihrer Webseite herunter, was überflüssig oder nur für sehr wenige Besucher relevant ist. Gestalten Sie die Webseite möglichst schlicht und einfach.

Gefälligkeit:

Klare Linien und Formen erhöhen die Übersichtlichkeit. Freizeilen strukturieren Texte. Tabellen können mit Rahmen oder Farbflächen übersichtlicher gestaltet werden.

Erfahrung nutzen:

Orientieren Sie sich in Gestaltung und Wortwahl an großen und reichweitenstarken Seiten. Die Begriffe Impressum und Newsletter sind bei den Nutzern bekannt. Alle großen Versandhändler bezeichnen den virtuellen Einkaufswagen als Warenkorb. Damit schaffen sie einen Standard, an dem Sie sich besser orientieren sollten, wenn Ihre Besucher klarkommen sollen. Hier zählt die Mehrheit. Da hat auch *Amazon* mit dem Begriff *Einkaufswagen* keine Chance.

2.1.2 Die häufigsten Fehler

Wer im Web surft, will bequem und schnell an Informationen kommen. Jeder überflüssige Klick vergrault die Hälfte der Besucher einer Seite. Und: Eine vorgeschaltete Seite vor der eigentlichen Startseite ist der sichere Garant dafür, dass nicht mehr alle Besucher den Weg zu Ihnen finden. Die Folge: Viele brechen ab und surfen woanders weiter. Achten Sie auch auf die Schriftgröße: So verwendet *Google* zum Beispiel zwölf Pixel Schrifthöhe und für den Text zehn Pixel. Kleinere

Schriftgrößen sind nur in Ausnahmefällen zu empfehlen. Und natürlich sollte die Schrift kontrastreich und in Kombination mit dem Hintergrund gut lesbar sein. Ein Nutzer soll Hyperlinks sofort erkennen. Früher waren alle Texte schwarz und alle Hyperlinks blau und unterstrichen. Dieser Standard hilft, jedoch passt das nicht zu jedem Corporate Design. Wenn möglich, sollten Sie Hyperlinks durch eine andere Schriftfarbe und durch Unterstreichen kennzeichnen. Wer eine Webseite besucht, will meist etwas Bestimmtes. Dazu wird oft die Suchfunktion benutzt. Immer weniger Menschen beherrschen jedoch die Rechtschreibung. Deswegen sollte jede Suchfunktion auch fehlertolerant sein. So sollte ein Notebook-Computer auch dann gefunden werden, wenn nach „Laptop" gesucht wird. Wenn auch noch nach Preis, Alter oder weiteren Kriterien sortiert werden kann, ist das besonders vorbildlich.

2.1.3 Texten

Eine Website ist kein Roman. Erläutern Sie kurz und knapp die wichtigsten Dinge, die gesagt werden müssen. Lange Einleitungstexte schrecken ab. Detaillierte Informationen können mit einem Hyperlink auf eine andere Seite ausgelagert werden. Aussagekräftige kurze Überschriften sind Pflicht. Kurze Anreißertexte sagen, um was es geht und was den Leser erwartet, der auf einen Hyperlink klickt. Bevorzugen Sie vor dem englischen Begriff den deutschen. Viele Menschen finden das angenehmer.

Fassen wir die Erfolgsfaktoren einer erfolgreichen Webseite zusammen:

- *Intuitive Benutzerführung*
- *Übersichtliche Struktur*
- *Professionelles Webdesign*
- *Aktuelle Informationen*
- *Vertrauensbildende Elemente*
- *Mehrere Kontaktmöglichkeiten*
- *Detaillierte Angebotsinformationen*
- *Komfortable Suchfunktion*
- *Service-Informationen*
- *Gute Lesbarkeit, einfache Sprache*

2.2 Die suchmaschinen- technische Gestaltung

Die Gestaltung einer Homepage orientiert sich an zwei Zielen: Erstens sollen Besucher auf der Seite schnell das finden, was sie suchen. Zweitens wird Ihre Seite auch von Maschinen besucht, nämlich von den Suchmaschinen. Was sie auf Ihrer Seite finden, dient als Grundlage für die Indizierung Ihrer Homepage. Die Herausforderung dabei: Webseiten „suchmaschinentauglich" zu machen, ohne dass der menschliche Nutzer davon etwas mitbekommt.

2.2.1 Keine technischen Barrieren aufbauen

Wie das funktioniert? Eine gute Webseite enthält Texte, die erläutern, um was es geht. Diese Texte werden als Text in der Dokumentensprache HTML (Hypertext MarkUp Language) geschrieben. Steckt der Text etwa in Bildern, wird er nicht erkannt. Es ist also wichtig, alle Informationen in Textform zu liefern. Spielen Sie nicht zuviel mit technischen Finessen wie JavaScript, Flash oder AJAX. Alle drei Techniken werden von Webseitenentwicklern geschätzt, weil damit das steife Korsett von HTML abgeworfen wird. Was aber für den Nutzer oft die Bedienung erleichtert, geht meist auf Kosten der Suchmaschinen-Lesbarkeit. Besonders das Inhaltsverzeichnis sollte niemals mit JavaScript erstellt werden, weil dann die Links nicht weiterverfolgt werden können.

Zur Erläuterung: JavaScript ist eine objektbasierte Scriptsprache, mit der über HTML hinaus Funktionen für Webseiten programmiert werden können. Flash ist eine von der Firma Adobe entwickelte Entwicklungsumgebung zur Erstellung multimedialer Inhalte. Die Videoplattform YouTube spielt damit ihre Videos ab. AJAX (Asynchronous JavaScript and XML) erspart das umständliche Nachladen einer kompletten Webseite, wenn eigentlich nur eine kleine Funktion sich ändert. Dahinter steckt eine Technik zur asynchronen Datenübertragung zwischen dem Browser des Nutzers und dem Server des Anbieters von Webseiten.

Und zum Schluss noch: Vergessen Sie Frames! Das ist ein System, um einfache Webseiten mit Hilfe vorgegebener Rahmen zu strukturieren. Der große Nachteil: Frame-Seiten werden von Suchmaschinen ignoriert.

2.2.2 Ohne Suchworte kein Finden!

Und so funktionieren Suchmaschinen: Suchende geben ein Suchwort ein, um dazu passende Webseiten zu finden. Die Rangfolge der Wichtigkeit eines Suchwortes legt die Suchmaschine nach eine Reihe von Regeln fest, deren genaue Kombination und Wichtung ein wohlgehütetes Geheimnis ist. Eines aber ist klar: Wenn ein Suchwort auf Ihrer Seite gar nicht auftaucht, dann kann die Seite unter diesem Begriff auch nicht gefunden werden. Versuchen Sie nicht zu schummeln. Jeder Betrug fliegt früher oder später auf! Die Suchmaschinen haben sog. „Anschwärz-Seiten", auf denen Ihr Konkurrent Sie melden kann, wenn Sie mogeln. Von dem einfachen Trick, das Suchwort einfach zehnmal hintereinander aufzuschreiben ist also abzuraten. Ebenso wie die weiße Schrift auf weißem Grund! Es gibt leider nur eine einzige sinnvolle Möglichkeit: Schreiben Sie vernünftige Texte für ihre Webseite.

2.2.3 Suchworte prominent platzieren

Wir wissen: Je wichtiger das Suchwort auf Ihren Seiten ist, desto höher stuft Sie die Suchmaschine ein. Gemessen wird das zum Beispiel daran, ob das Suchwort im Domainnamen, im Namen einer Webseite (auch URL genannt) oder in deren Titel auftaucht. Wenn Worte am Textanfang oder in Überschriften auftauchen, denkt die

Suchmaschine, dass Sie zu diesem Thema wohl etwas zu sagen haben. Zwei bis drei Prozent Suchworthäufigkeit sind ein sicherer und guter Mittelwert.

Hier sollte das Suchwort auftauchen:
- Im Hostnamen (Domain und Subdomains)
- Im Dateinamen
- Im Titel der Seite
- In Überschriften
- Mehrere Male im Text
- In Alternativ-Texten von Bildern

Und das vergrault Suchmaschinen:
- Verwendung von Frames
- Dynamische Webseiten
- Verwendung von Flash
- Extrem langsame Server
- Inhaltsverzeichnisse in JavaScript
- Dynamische Seitenadressen mit Session-ID
- Gesperrte Bereiche in der Datei robots.txt
- Einschränkungen durch Meta-Tags

2.2.4 Interne Verlinkung

Aber da gibt es noch ein weiteres Kriterium: Gibt es einen oder mehrere Hyperlinks, die im Linktext, der auf die Seite verweist, das Suchwort enthalten? Wenn sich eine Ihrer Webseiten also speziell mit Turnschuhen beschäftigt, sollte Ihr Internet-Auftritt auf mehreren Seiten einen Link auf diese Seite haben, in dem das Wort „Turnschuhe" enthalten ist.

Checkliste:
Ist Ihre Homepage suchmaschinenoptimiert?

- Tauchen die wichtigsten Suchworte auf den jeweiligen Webseiten mehrmals auf? Beträgt die Suchwortdichte etwa zwei bis drei Prozent?
- Erscheint das Suchwort auch im Titel der jeweiligen Seite? Haben alle Ihre Webseiten jeweils unterschiedliche, auf die jeweiligen Inhalte abgestimmte Titel?
- Taucht das Suchwort möglichst weit vorne am Textanfang einer Seite auf?
- Ist das Suchwort im Dateinamen einer Seite enthalten?
- Ist das wichtigste Suchwort in Ihrem Domainnamen (www.brillen-maier.de) enthalten? Können Sie eine entsprechende Subdomain (www.brillen.maier.de) anlegen?
- Sind die Seiten Ihres Internetauftritts untereinander mit vielen Textlinks verknüpft? Enthalten diese Textlinks auch die wichtigsten Suchworte? Gibt es zu den wichtigsten Suchworten besonders viele Textlinks mit den entsprechenden Suchworten?
- Enthalten Ihre Webseiten möglichst viel sichtbaren Text im Verhältnis zu HTML-Quelltext und Bildern?
- Haben die Abbildungen jeweils auch einen Alternativtext, der die wichtigsten Stichworte enthält?
- Haben Ihre Webseiten jeweils eine eigene, aussagefähige Beschreibung (meta name=„description".)?
- Hat Ihr Internetauftritt eine Suchmaschinen-lesbare Sitemap (www.google.de/webmasters/sitemaps)?

30 MINUTEN

Was können Sie alles tun, damit Ihre Seite noch höher in den Trefferlisten der Suchmaschinen erscheint?

Wie funktionieren Suchwortanzeigen und wann werden sie sinnvoll eingesetzt?

Wie und wann setzen Sie Banner, E-Mails und Partnerprogramme ein, um online neue Kunden zu gewinnen?

3. Wie Sie Neukunden gewinnen

Das wunderbare am Web ist die Chance, andere Zielgruppen anzusprechen als die, mit denen man schon immer zu tun hat. *Neckermann* hat so gleich seine ganze Marke umgekrempelt. Offline war es ein angestaubter Versandkatalog, der auf Omas Sofatisch lag. Online dagegen hatte sich das Unternehmen zur hippen Lifestyle-Marke gemausert. Also steigen Sie ein in den Jungbrunnen!

3.1 Neukunden gewinnen: Mehr Suchmaschinenoptimierung (SEO)

94% aller Internetnutzer gehen ins Web, um vor einer Kaufentscheidung Informationen einzuholen. Der einfachste Weg, um an Produktinformationen zu kommen, ist der über eine Suchmaschine. Das Wort „Googeln" steht nunmehr auch als Verb im Duden. 77 Prozent der Internetnutzer suchen mindestens einmal täglich, ob nun wegen einer Kaufabsicht und eines Interesses an kommerziellen Produkten. Über vierzigtausend Mal wird jeden Tag allein nach dem Stichwort „Ferienwohnung" gesucht. Wer wie *Nivea* eine teure Werbekampagne für eine Cellulite-Creme durchführt, tut gut daran, auch mit dem entsprechenden Suchbegriff gefunden zu werden. Denn auch zu diesem Stichwort gibt es jeden Tag knapp achttausend Suchanfragen. Es gibt also nichts, wonach im Internet nicht gesucht wird. Damit Sie als Unternehmen bei einer solchen Suche gefunden werden, stehen Ihnen grundsätzlich zwei Möglichkeiten zur Auswahl:

1. Die Optimierung der eigenen Webseiten, um im Index der Suchmaschinen möglichst weit oben zu erscheinen. Oft wird dafür der Begriff SEO (Search Engine Optimisation) verwendet.
2. Kostenpflichtige Suchanzeigen, also Suchmaschinenwerbung, Keyword Advertising, Sponsored Links, Paid Listings oder Paid Inclusions. Diese Suchwortvermarktung wird oft unter dem Akronym SEM (Search Engine Marketing) geführt. Die Reihenfolge der Suchanzeigen können Sie beeinflussen, indem Sie mehr bezahlen. Der Index dagegen ist unbestechlich: Da zählt nur die inhaltliche Relevanz der Seiten für ein Thema.

3.1.1 In Suchmaschinen oben stehen

Alle wollen in den Trefferlisten von Google, Yahoo & Co. oben stehen. Dazu gibt es zwei Methoden, die Sie beherzigen sollten: OnPage- und OffPage-Optimierung. OnPage-

Optimierung bezeichnet alle Maßnahmen, um mit einem bestimmten Suchwort gefunden zu werden. Noch mehr Gewicht legen Suchmaschinen jedoch auf unabhängige Informationen von außen: Off-Page-Optimierung. Dabei wird versucht, die „Reputation" Ihrer Webseite zu messen. Es ist dabei wie mit Ihrem guten Ruf im Leben: Je mehr Menschen gut von Ihnen reden, und je mehr Autoritäten (z.B. in Ihrer Branche) desto besser ist Ihr Ruf. Diese Bewertung von außen wird auch von Suchmaschinen eingesetzt. Nach welchem Algorithmus welche Faktoren wie gewichtet werden, das ist und bleibt das große Geheimnis der Suchmaschinen. Langfristig gibt es nur eine einzige Form der nachhaltigen Suchmaschinenoptimierung: Machen Sie Webseiten, auf denen wirklich wertvolle Informationen zu den gewünschten Suchworten zu finden sind.

3.1.2 Viele Links sind der Anfang

Der wichtigste Faktor, um von Suchmaschinen ernst genommen zu werden, sind externe Links. Ein Hyperlink ist aus der Sicht von Suchmaschinen eine Empfehlung. Je mehr Empfehlungen Sie zusammenbekommen, desto höher ist Ihre Reputation. Aber: Wer manipuliert, bekommt Ärger. Ärger heißt, dass Ihre Reputation urplötzlich auf Null herabgesetzt wird, was Ihnen natürlich niemand sagt. Also bitte keine Hyperlinks von Scharlatanen, Linkverkäufern, Linkfarmen oder sonstigen Unfug. Gleiches gilt übrigens auch umgekehrt: Wenn Sie auf einen Betrüger oder Spammer verlinken, schadet das Ihrem eigenen guten Ruf. Nutzen Sie alle Möglichkeiten seriöser Hyperlinks: Von Partnern, Kunden und Institutionen. Egal ob der Verband eine Mitgliederliste hat oder die Messe auf Ihre Aussteller verlinkt: Jeder Link zählt! Auch in Online-Presseartikeln kann ein Link nicht schaden. Auch in Katalogen sollten Sie mit Link vertreten sein. Der wichtigste Katalog ist *dmoz.org*. Daneben gibt es im Web eine Vielzahl von Katalogen und Verzeichnissen. Beispielsweise ist es auf dem Dienstleisterverzeichnis *marketing-BÖRSE* nicht nur Marketinganbietern, sondern auch Werbetreibenden möglich, einen Eintrag anzulegen. Die weitere letzte Möglichkeit, mehr Links zu bekommen, sind Social-Bookmark-Dienste: Bei *Mister-Wong, Del.icio.us* oder *Digg* verwalten Nutzer ihre Lieblings-Links. Solche Verzeichnisse werden gerne von Suchmaschinen genutzt, um herauszufinden, welche Webseiten bei den Nutzern besonders beliebt sind.

Und hier können Sie einen Link schalten lassen:

- Geschäftspartner
- Lieferanten
- Dienstleister
- Kunden
- Messen
- Verlage
- Besucher
- Kommunen
- Verbände
- Publikationen
- Kataloge
- Verzeichnisse
- Portale
- Weblogs
- Bookmarkdienste

3.1.3 Worauf es wirklich ankommt

Und noch etwas: Nicht nur die Suchmaschinen-technische Gestaltung Ihrer Seite ist wichtig, sondern auch, wie lange es diese schon gibt. Das Alter der Domain entscheidet. Wer also eine Domain gerade angemeldet oder umgemeldet hat, muss sich erst einmal gedulden. Wie im Berufsleben gibt es erst einmal eine Probezeit bei Google „Sandbox" genannt. In dieser Anfangszeit suchen Sie Ihre Webseite vergeblich im Index. Auch danach haben „Senioren" immer einen Bonus.

Sie wissen: Je mehr Links Sie haben, desto höher ist Ihre Reputation. Und je höher die Reputation der Seiten, die auf Sie verweisen, desto höher steigt auch Ihr Ansehen. Dieses Ansehen hat bei Google einen Namen: PageRank. Wenn Sie sich die Google-Toolbar in Ihrem Browser installieren, zeigt Ihnen ein kleiner grüner Balken jederzeit, wie hoch das Ansehen der Seite ist, die Sie gerade besuchen. Dieser Wert ist ein sehr anschaulicher und leicht messbarer Kennwert für eine Webseite. Nur hat er leider entgegen allen anderslautenden Gerüchten fast nichts damit zu tun, ob Ihre Seite bei bestimmten Suchbegriffen unter den Top Ten der Trefferliste steht. Aktuell ist es die „Autorität" einer Seite, die zählt. Autoritätsseiten sind Webseiten, die als Experten in ihrer Branche anerkannt sind. Nach einem „Hilltop-Algorhythmus" genannten Verfahren wird berechnet, wie relevant eine Seite für ein bestimmtes Stichwort ist. Das Konzept des Hilltop Algorithmus wurde vom Krishna Bharat und George Andrei Mihaila an der Universität

Toronto entwickelt und 1999 veröffentlicht. 2003 hat Google das Patent an dem Algorithmus erworben. Krishna Bharat arbeitet inzwischen bei Google.

30 *Werfen Sie beim Surfen ein Auge darauf, welche Seiten in Ihrem Bereich als „Autoritäten" gelten. Wenn diese Seiten auf Sie verlinken, dürfen Sie sich freuen.*

3.1.4 Die Wahl des Dienstleisters

Zunächst eines: Bücher und Foreneinträge zu Suchmaschinenmarketing zu lesen ersetzt keinen Dienstleister. Professionelle Suchmaschinenoptimierer haben Erfahrung damit, mit welchen Webseiten Sie sich verlinken sollten und welche gar schwarze Schafe sind. Sie kennen die gefürchteten Updates des Google-Index und wissen, wie darauf zu reagieren ist. Und sie haben die Zeit, sich mit all den Änderungen zu beschäftigen, die dieses Geschäft mit sich bringt. Die wichtigste Anforderung an einen Dienstleister lautet: Er sollte sich den Tag über mit nichts anderem beschäftigen, als mit Suchmaschinenoptimierung. Kennt Ihr Suchmaschinenoptimierer den neuesten Eintrag in Matt Cutts (Entwickler bei Google: http://www.mattcutts.com/blog/) Weblog nicht? Dann suchen Sie sich einen anderen.

Hier nochmal die legalen „Tricks" zusammengefasst: Gegenseitige Links, Einträge in themenverwandten Foren und Blogs, Pressemitteilungen mit Hyperlink, Links durch attraktive Angebote ködern, Partner zum Verlinken auffordern.

Vorsicht ist angesagt bei illegalen Suchmaschinen-Tricks: manche enden tödlich. Schwarze Schafe unter den Suchmaschinen-Optimierern nutzen Tricks, um ihre Kunden schnell nach oben zu bringen. Das kann zur kompletten Verbannung der Webseite aus dem Index führen. Hier sind die wichtigsten Tricks, die zum Ausschluss Ihrer Seiten aus dem Suchmaschinen-Index führen:

1. Versteckter Text für Suchmaschinen
   Gestalten Sie Ihre Webseiten für die Besucher, nicht für die Suchmaschinen. Wer meint, die Suchwortdichte zu erhöhen, indem er sie in weißer Schrift auf weißem Grund schreibt, schneidet sich ins eigene Fleisch.

2. Extra Seiten nur für Suchmaschinen (Cloaking)
   Auch wenn Ihre Seiten zu wenige suchmaschinenrelevante Texte haben: Widerstehen Sie der Versuchung, den Suchmaschinen andere Seiten anzuzeigen, als den Besuchern. Dies wird als „Cloaking" bezeichnet und bestraft.

3. Wer trickst, wird angeschwärzt
   Vermeiden Sie jegliche Tricks, die das Suchmaschinen-Ranking verbessern sollen. Wenn die Agentur Ihrer Konkurrenz etwas erkennt, was nach Suchmaschinen-Spam aussieht, kann sie es zum Beispiel bei Googles Spamreport-Seite direkt anzeigen.

4. Suchworte nicht übertrieben oft nennen
   Sie kommen nicht mit dem Begriff „Detektei"

nach oben, indem Sie ihn zigfach auf der Seite wiederholen. Auch Texte, die wirr oder irreführend sind, machen sich verdächtig.

5. **Keine Doorway-Pages oder Brückenseiten**
Doorway-Pages sind Seiten, die speziell für einige wenige Suchwörter optimiert sind. Diese sollen dann für genau jene Suchwörter oben in den Suchresultaten gelistet werden. Die Seiten sind meist nach dem gleichen Schema aufgebaut und schlecht gestaltet. Die Seiten werden per Hand oder mit Software-Tools wie Webposition Gold beziehungsweise aus einer Datenbank heraus erzeugt.

6. **Senden Sie keine automatischen Anfragen an Google**
Verwenden Sie zur Anmeldung von Seiten oder zum Überprüfen von Rankings keine spezielle Software. Diese Programme verbrauchen bei den Suchmaschinen Rechenleistung und sind deshalb dort nicht beliebt. Webposition Gold sendet zum Beispiel solche automatischen, programmgesteuerten Anfragen an Google.

7. **Keine falschen Links**
Hyperlinks auf Ihrer Seite sind etwas Gutes, wenn sie von seriösen Seiten kommen. Auf keinen Fall sollten Sie jedoch mithilfe von „Linkfarmen" versuchen, die Zahl der Links auf Ihrer Seite hochzutreiben. Meiden Sie insbesondere Links zu Webspammern oder „schlechte Gegenden" im Web

3.2 Neukunden gewinnen II: Suchwortanzeigen (SEM)

Suchmaschinenoptimierung ist eine schöne Sache, ist man erst einmal mit einigen Suchworten unter den ersten zehn Treffern gelandet. Nur in wenigen Fällen gelingt das. Der sicherste Weg, ganz nach oben zu kommen, sind bezahlte Suchwortanzeigen. Keine Angst: Davon werden Sie nicht arm. Bezahlt wird nur bei Erfolg: Das reine Schalten der Anzeige kostet nichts, und bezahlt wird nur, wenn ein Interessent die Anzeige anklickt. Diese Werbeform wird auch als *Suchmaschinenwerbung*, *Keyword Advertising*, *Sponsored Links*, *Paid Listings* oder *Paid Inclusions* bezeichnet. Im Gegensatz zu SEO wird das Schalten von Suchwortanzeigen als SEM (Search Engine Marketing) bezeichnet. Größter Vorteil dieser Werbeform ist die Flexibilität: Sie buchen bequem online und können sofort online die Rahmenparameter einer Kampagne ändern. Oder diese ganz abbrechen. Es gehört heute zum Standard, dass bei großen Werbekampagnen für die Dauer der Kampagne auch alle relevanten Stichworte in Form von Suchwortanzeigen gebucht werden. Immer mehr Menschen suchen – nachdem sie eine Werbeanzeige gesehen haben – nach den beworbenen Produkten via Suchmaschine. Nicht selten jedoch wird diesem Thema wenig Beachtung geschenkt. Nivea realisierte eine vorbildliche *Word-of-Mouth-Kampagne* (Mund-Propaganda-Marketing) zum Thema „Cellulite". Dabei legten die Macher jedoch keinen Wert darauf, die wenigen Euro zu investieren, die es gekostet hätte, diesen Begriff auch in Suchmaschinen zu buchen.

3.2.1 So werden Anzeigen gebucht

Wer Suchanzeigen buchen will, hat im Wesentlichen drei Anbieter zur Auswahl: *Google, Yahoo Searchmarketing* und *Miva*. Google hat jedoch eine erhebliche Dominanz, was die Zahl der Suchanfragen angeht, da auch die Suchanfragen bei T-Online und AOL mit Google-Textanzeigen bedient werden. Damit erreichen Google-Anzeigen 91,3 Prozent aller Suchanfragen.

Und hier eine kleine Übersicht über die Anteile der Suchmaschinen (Quelle: Webhits.de): 88,0% Google, dahinter folgen: 3,4% Yahoo, 2,5% MSN, 1,9% T-Online, 1,4% AOL, 0,6% Lycos

3.2.2 Was die Anzeigen kosten

Einen pauschalen Preis für Suchwortanzeigen gibt es nicht. Vielmehr errechnet sich der Preis dynamisch aus Angebot und Nachfrage. Ist es so, dass viele Anbieter eine Anzeige schalten wollen, dann wird diese meistbietend versteigert. Bei wenig Nachfrage können Sie schon für acht Cent pro Klick einen Anzeigenplatz buchen. Aber Vorsicht: Nur bei seltenen Suchbegriffen ist der Preis so niedrig. Je populärer die Suchworte, desto teurer sind sie meist. Alles, was irgendwie mit Versicherung zu tun hat, kostet meist über fünf Euro pro

Klick. Der Grund: Die Inserenten schaukeln sich gegenseitig hoch.

Ziele des Suchmaschinenmarketing:
- *Sofortkäufe online generieren*
- *Markenbildung*
- *Leadgenerierung für Online-Verkauf*
- *Leadgenerierung für Offline-Kauf*
- *Sichtbarkeit der Marke stützen*
- *Besucher auf die Website bewegen*
- *Besucher ins stationäre Geschäft bewegen*

3.2.3 Wie funktioniert SEM

Das Buchen von Suchanzeigen läuft vollautomatisch ab: Sie melden sich bei einem der drei Anbieter im Internet an und können sofort loslegen: Text eingeben, Suchworte festlegen und Gebot abgeben. Dann schauen Sie online, an welcher Position Sie bei einer Suchanfrage zu dem Stichwort landen.

Am Anfang werden Sie feststellen, dass sie ziemlich viel bezahlen müssen, um wirklich weit oben zu stehen. Das liegt am Algorithmus der Rangfolgenberechnung: Hier zählt nicht nur, wie viel Geld Sie bieten, sondern auch wie beliebt Ihre Anzeige ist. Wessen Anzeigen öfter angeklickt werden, der rutscht automatisch etwas höher als seine Mitbewerber. Auch wenn diese ein höheres Gebot abgeben. Am Anfang weiß das System noch nicht, wie viele Klicks Ihre Seite erhält. Deshalb ein kleiner Trick: Bieten Sie mit neuen Anzeigen erst einmal etwas mehr, um zunächst einmal einige Klicks auf sich zu vereinen. Danach können Sie Ihr Gebot langsam wieder absenden, ohne die gewonnene Position zu verlieren.

Und hier die schlimmsten Fehler beim Suchmaschinenmarketing:

- *Die Kampagne wird nach dem Aufschalten nicht kontinuierlich beobachtet*
- *Suchworte werden nicht systematisch auf ihren Erfolg hin ausgewertet*
- *Es werden zu viele Suchworte gebucht, die unwirtschaftlich sind*
- *Es wurde nur in Google, nicht aber bei Yahoo und Miva gebucht*
- *Besucher landen auf einer Seite, die keinen Bezug zum eingegebenen Suchwort hat*
- *Die Website enthält nicht, was Suchworte und Suchanzeige versprechen*
- *Die vom Nutzer wirklich gesuchten Stichworte wurden nicht gebucht*

3.2.4 Worauf kommt es beim Texten an?

Das Texten von Suchwortanzeigen ist prinzipiell ein einfaches Geschäft. Warum das: Sie können jederzeit zwei oder mehr Textentwürfe parallel gegeneinander laufen lassen und messen nach einer Weile die Erfolgsraten. Dann lassen Sie die bessere Anzeige stehen und verändern bei der Anzeige mit den schlechteren Werten den Text. Natürlich gibt es auch schon Erfahrungen darüber, welcher Text besser zieht: Allzu platte Werbesprüche sind in Textanzeigen unangebracht. Wer „Wir sind die Besten" sagt, wird selten angeklickt. Eine sachlich-neutrale Beschreibung Ihrer Leistungen bringt mehr Klicks als Marktschreierei und Superlative. Das Suchwort sollte nach Möglichkeit auch in der Anzeige vorkommen. Die beste Klickrate erreichen Sie, wenn Ihr Suchwort schon im Titel auftaucht. Und Ihren Firmennamen sollten Sie nur einsetzen, wenn Sie bekannt sind und der Name ein Zugpferd darstellt.

Mit Platzhaltern arbeiten
Damit auch wirklich das gesuchte Stichwort im Anzeigentitel auftaucht, bietet Google Platzhalter an: Statt jeweils separate Anzeigen für verschiedene Stichworte zu kreieren, verwenden Sie einfach {Keyword}. Damit aber Doppel-Worte Ihrer Anzeige nicht als „Doppel-worte" geschrieben werden, verwenden Sie die Schreibweise {KeyWord}.

3.2.5 Welche Position ist wirklich gut?

Bezahlte Suchanzeigen können über dem natürlichen Index oder auch rechts davon erscheinen. Bei gefragten und teuren Suchworten schaltet Yahoo bis zu fünf Suchanzeigen über dem Index. Bei Google sind es maximal drei. Während die obersten Suchtreffer im organischen Index (SEO) eine durchschnittliche Klickrate von zwanzig bis fünfzig Prozent erreichen, werden die bezahlten Anzeigen weniger oft angeklickt. Textanzeigen über dem Index bieten Klickraten von über zehn

Prozent. Insbesondere bei weniger kommerziell um-kämpften Suchbegriffen verzichten sowohl Google als auch Yahoo auf die Textanzeigen über dem Index. In diesem Fall werden die Textanzeigen ausschließlich am rechten Rand der Seite angezeigt. Hier liegen die Klick-raten bei ein bis fünf Prozent. Das führt zu folgender Überlegung: Da der Preis pro Klick für Toppositionen aufgrund des Auktionsprinzips überproportional steigt, kann es sinnvoll sein, bei diesen Versteigerungen etwas weniger zu bieten und dafür mit dem weniger um-kämpften dritten oder fünften Platz vorlieb zu nehmen. Professor Skiera vom Electronic-Commerce-Lehrstuhl der Uni Frankfurt ist nach einer wissenschaftlichen Untersuchung zu folgenden Empfehlungen gekommen: Werbende Unternehmen sollten nur Gebote für die obersten Positionen abgeben, wenn:

- die Profitabilität (gemessen als Kundenlebens-wert) der akquirierten Kunden hoch ist,
- der Preis pro Klick auf den obersten Positionen relativ niedrig ist,
- die Anzahl der Klicks auf unteren Positionen deut-lich abnimmt oder aber
- die Konversionsrate auf den obersten Positionen hoch ist und auf Positionen weiter unten nicht stark zunimmt.

3.2.6 Dienstleister suchen

Wie bei der Suchmaschinenoptimierung gilt auch hier: Profis erwirtschaften ihre Kosten durch mehr Effizienz.

Die Verwaltung von vielen Suchbegriffen Erfahrung. Selbermachen empfiehlt sich nur, solange sie wenige Suchworte buchen. Um zumindest einen Mindeststandard zu etablieren, bieten Google und Yahoo Zertifizierungen von Partnern an. Diese erkennen Sie an einem entsprechenden Logo auf der Website.

3.2.7 Suchworte suchen

Gehen Sie auf die Suche! Versetzen Sie sich in die Lage Ihrer Kunden und schreiben Sie sämtliche Worte auf, mit denen ein Interessent nach Ihnen suchen könnte. Notieren Sie Plural, verschiedene Schreibweisen sowie mögliche Rechtschreibfehler. Begeben Sie sich auf so inspirierende Seiten wie *www.metager.de/asso.html*. Nutzen Sie auch die im Anhang erwähnten Surftipps.

Im nächsten Schritt schauen Sie, wieviel die einzelnen Suchworte kosten und wie hoch Ihre Konversionsrate ist. Es kann durchaus sein, dass ein teures Suchwort auch eine höhere Konversionsrate hat, während ein anderes Suchwort zwar preiswert ist, Ihnen aber dafür nur Besucher, aber keine Käufer bringt. Achten Sie beim Buchen darauf, wie Sie die Stichworte verwenden: „Weitgehend passende Keywords" ist die Einstellung, bei der Ihre Suchanzeige auch dann angezeigt wird, wenn verwandte Begriffe gesucht werden. Sie können auch „genau passende Keywords" oder „passende Wortgruppen" wählen. Sie haben ebenso die Möglichkeit, Stoppworte einzugeben, bei denen Ihre Anzeige nicht angezeigt wird. Beispiel: „Tannenzapfen verbrennen".

Zusammengefasst lässt sich sagen:
- *Lieber viele preiswerte Suchworte als wenige teure.*
- *Lieber Platz drei als unbedingt ganz oben.*
- *Suchen Sie Suchworte, die sonst keiner nutzt*
- *Buchen Sie gute Suchworte in allen möglichen Schreibweisen*
- *Nutzen Sie kombinierte Suchworte*

3.3 Neukunden gewinnen III: Grafische Werbung

Bisher wird im Internet stark zwischen Textanzeigen und grafischen Anzeigen, sog. Banner, unterschieden. Textanzeigen werden meist im Umfeld konkreter Suchbegriffe eingeblendet, zu denen sie passen. Werbebanner dagegen sind oft statisch, so dass jeder Besucher einer Webseite die gleiche Anzeige sieht. Dafür wird dann oft versucht, die jeweiligen Banner auf das inhaltliche Umfeld abzustimmen.

3.3.1 Bannerwerbung

Banner sind die älteste Werbeform im Internet. Die Klickraten sinken jedoch kontinuierlich und liegen heute bei etwa 0,18 Prozent. Das bedeutet: Wenn das Banner tausend Mal eingeblendet wird, klicken darauf gerade einmal zwei Besucher. Im Jahr 2004 lag die durchschnittliche Klickrate noch bei 0,33 Prozent. Anders als bei Textanzeigen kann man den Erfolg von Werbebannern nicht nur an der Klickrate messen. Auch durch Sichtkontakt entsteht eine nachgewiesene Erinnerungswirkung. Wer also eine klassische Werbekampagne durchführt, tut gut daran, auch im Internet Anzeigen zu schalten. *Crossmedia* ist die Fachbezeichnung dafür, dass Werbekampagnen heute über sämtliche Kommunikationskanäle hinweg geschaltet werden. *Adserver* liefern nach vorgegebenen Regeln solche Werbebanner aus. Dabei ist es realisierbar, dass direkt im Anschluss an einen teuren TV-Werbespot auf vielen verschiedenen Online-Portalen zeitgleich auch Werbebanner dieses Unternehmens angezeigt werden. Oder aber dass ein lokaler Möbelhändler parallel zur Radiowerbung auch auf allen regionalen Online-Portalen Banner schaltet. Im Laufe der Zeit haben sich verschiedene Abrechnungsmodelle entwickelt. Die Kosten für eine Werbekampagne auf einer Suchmaschine werden üblicherweise nach dem *Cost-per-Click-Modell* abgerechnet (CPC). Die leistungsbasierte Abrechnung ist jedoch bei Bannern nicht gerechtfertigt, weil sie die Imagewirkung unberücksichtigt lässt. Banner werden nach Sichtkontakten bezahlt. Dazu wird von der Informationsgemeinschaft zur Feststellung der Verbreitung von Werbeträgern e.V. (IVW) gemessen, wie viele Sichtkontakte (*PageImpressions*) ein Angebot hat. Dann wird ein Preis von beispielsweise zehn Euro TKP (Tausend-Kontakt-Preis) festgelegt. Das bedeutet, dass Sie mit Ihrem Werbebanner zehn Euro bezahlen, um eintausend Besucher dieser Webseite per Sichtkontakt zu erreichen. Da nicht in jedem Einzelfall die Auslieferung des Werbebanners auch wirklich erfolgreich ist, gibt es noch die etwas strengere Messgröße *Ad-Impression*. Als *Ad-Impressions* bezeichnet man einzelne Aufrufe von Werbemitteln auf einem *Adserver*. Ein Adserver protokolliert die Zahl der Aufrufe der einzelnen Werbemittel.

3.3.2 Bannertechnik

Banner sollen die Aufmerksamkeit des Lesers von den eigentlichen Inhalten der Website ablenken. Das bedeutet: Je auffälliger ein Banner ist, desto wirksamer ist es. Relativ unaufdringlich ist ein statisches Banner, das aus einer normalen grafischen Abbildung besteht, die mit einem Hyperlink zum Werbetreibenden hinterlegt ist. Auffälliger sind animierte Banner. Dabei werden Sequenzen von hintereinander liegenden Einzelbildern dargestellt. So entsteht eine Animation. Studien haben bewiesen, dass dynamische Banner teilweise eine um bis zu vierzig Prozent höhere Klickrate als statische Banner erzielen können. Diese Banner ziehen die Aufmerksamkeit des Internetnutzers besser an sich als statische Banner. Sie sind die meist genutzte Werbeform.

Rich-Media-Banner

Weil animierte Banner langsam langweilig werden, kommen verstärkt multimedial aufgewertete Banner zum Einsatz, die Video-, Audio- oder dreidimensionale Elemente enthalten. *Rich-Media-Banner* benötigen auch eine höhere Rechnerleistung des Rechners und funktionieren nur mit einem modernen Browser.

HTML-Banner

Etwas anspruchsloser als *Rich-Media-Banner* sind *HTML-Banner*. Statt wie animierte Banner im simplen gif-Format werden hier die Banner als kleine HTML-Seiten programmiert. Ermöglicht wird damit der Einsatz von interaktiven Elementen wie zum Beispiel Pull-Down-Menüs und Auswahlboxen. So kann der Internetnutzer beispielsweise ein bestimmtes Produkt innerhalb des Banners auswählen.

Nano-Site-Banner

Beim *Nano-Site-Banner* wird auf der Werbefläche eine komplett funktionsfähige Website eingeblendet. Möglich ist ein kompletter Mini-Onlineshop. Ebenso lässt sich auch eine Kataloganforderung, die Vereinbarung einer Probefahrt oder ein Newsletter-Abonnement realisieren.

Und hier einige der gängigsten technischen Formate:
Statische Banner, Animierte Banner, Rich Media Banner, HTML Banner, Nano-Site-Banner, Pop-Up-Banner, Pop-Under-Banner, Layer-Ads, Sticky-Ads, Video-Banner.

3.3.3 Bannerformate

Banner haben normalerweise festgelegte Flächen innerhalb einer Webseite. Alternativ gibt es aber *PopUp-Banner*, die jedoch mehr und mehr als Belästigung empfunden werden. Immer mehr Browser setzen daher standardmäßig sogenannte „PopUp-Blocker" ein. Das Pendant dazu sind PopUnder-Banner, die Sie erst dann auf Ihrem Bildschirm stören, wenn Sie die Webseite verlassen wollen. Damit ein Banner auch wirklich nie aus Ihrem Gesichtsfeld verschwindet, gibt es „Sticky-Ads", die an Ihnen dranbleiben. Weil Werbetreibende sich nicht an die 0,2 Prozent Klickrate normaler Banner gewöhnen wollen, belästigen sie die Nutzer zunehmend mit *Layer-Ads*. Diese legen sich störend mitten über die Website. Weil nicht jeder sofort den „Schließen"-Knopf trifft, erreichen diese Anzeigen Klickraten von 0,6 Prozent. *Megabanner*, U-*Wallpaper* und *Expandable Ads* heißen die Werbemittel, von denen Brandingkampagnen in Zukunft begleitet werden sollen.

3.3.4 Banner auf der eigenen Webseite schalten

Wenn Sie auf Ihrer eigenen Webseite Banner schalten, benötigen Sie einen *Adserver* oder schließen sich einem Bannernetzwerk an. Die beiden großen Anbieter von *Adservern* sind *DoubleClick* und *AdTech*. Die mit Abstand am weitesten verbreitetste *Opensource-Lösung* ist *PHPAds-New*. Wenn Sie Banner schalten wollen, sind Vermarkter oder Bannertauschringe die richtige Adresse. In vielen Fällen ist es auch sinnvoll, Seitenbetreiber direkt anzusprechen. Auch Suchmaschinenanbieter wie *Google* bieten über ihre Partnerprogramme grafische Werbeplätze an.

3.3.5 Targeting

Den richtigen Empfängern die jeweils richtige Werbung zuzuspielen, nennt sich *Targeting*. Bisher wird so praktiziert, dass ein Autohaus seine Anzeigen auf der Homepage eines Autoportals schaltet und die Bausparversicherung auf dem Immobilienportal.

Kontextbasiertes Targeting

Das bedeutet zu prüfen und zu berechnen, welche Anzeige am besten in ein inhaltliches Umfeld passt. *Google* nennt sein Verfahren *Adsense*, bei *Ebay* sind es „*RelevanceAds*".

Geo-Targeting

Lokale Anbieter sorgen dafür, dass ihre Anzeige wirklich nur bei in der Region ansässigen Menschen angezeigt wird. So wird Online-Werbung für unzählige kleinere Betriebe mit regional begrenztem Einzugsgebiet interessant.

Soziodemografisches Targeting

Das trägt zweifellos zur Verminderung des Streuverlusts bei, weil sich Besucher in geschlossenen Nutzerbereichen einloggen und daraufhin spezielle Zielgruppen gebildet und angesprochen werden. Liegen Adressdaten vor, können zusätzlich externe Quellen einbezogen werden.

Behavioral Targeting

Hier wird das konkrete Surf- und Klickverhalten in die Analyse einbezogen. Wer heute einen DVD-Recorder sucht, will möglichst schnell einen. Da hilft es wenig, wenn Statistiker irgendwann eine Zielgruppe herausfischen, die vermeintlich ein Interesse an DVD-Recordern haben könnte. *Behavioral Targeting* ist ein Weg, Wünsche schneller zu erkennen und mit passender Werbung zu reagieren.

3.4 Noch mehr neue Kunden

Natürlich sind Banner und Suchmaschinen nicht alles, wenn es um Online-Neukundengewinnung geht.

3.4.1 Affiliate Marketing

Mindestens genauso wichtig sind *Affiliate* und *E-Mail-Marketing* sowie in zunehmendem Maße das, was derzeit unter „Web 2.0" subsummiert wird. Wenn jemand kommunikativ veranlagt ist und einen entsprechend großen Bekanntenkreis hat, liegen gute Voraussetzungen für den Verkauf von Versicherungen vor: Für jede erfolgreiche Vermittlung wird dann eine Provision ausgezahlt. Im Internet funktioniert das ähnlich: Wer eine gut besuchte Homepage hat, kann Produkte empfehlen und kassiert dann eine Provision, wenn über den Hyperlink auf der Webseite ein Kauf zustande kam. Der Grund, warum diese Art von Verkauf auf Provision im Internet so gut klappt, sind die niedrigen Transaktionskosten. Ein Homepagebetreiber (Affiliate) kann sich automatisch am System anmelden und sucht sich seine Kampagne und seine Werbemittel aus. Auch die Erfolgsmessung geschieht vollautomatisch. Genauso kann auch ein Händler (*Merchant* oder *Advertiser*) bequem seine aktuellen Werbemittel online stellen. Auch kann er bestimmen, welche *Affiliates* seine Werbemittel zu welchen Konditionen verwenden dürfen. Die meisten Versandhändler setzen heute Affiliate Marketing ein, um online mehr zu verkaufen.

Provisionsmodelle

Hier wird nach Sichtkontakten vergütet. Dabei wird auch honoriert, wenn ein Besucher nur das Werbemittel wahrnimmt, ohne es gleich anzuklicken. Beim *Cost per Click* wird jeder Klick pauschal honoriert, egal ob es nun zu einem Kaufabschluss kam oder nicht. *Cost per Sale*: Hier wird nur vergütet, wenn auch wirklich ein Produkt gekauft wurde. Es muss nicht immer der Kauf eines Produkts sein! Das Kampagnenziel kann auch das Anfordern eines Katalogs, das Vereinbaren einer Probefahrt oder die Teilnahme am Gewinnspiel sein (*Cost per Lead*).

Und hier noch einige Formen des Affiliate Marketing:

- Strategische Vertriebskooperationen: Hier arbeiten Unternehmen auf der Basis bilateraler Vereinbarungen zusammen. So kann ein Händler beispielsweise bekannte Marken mit jeweils eigenem Shop in sein bestehendes Online-Angebot integrieren.
- Offenes Affiliate-Programm: Hier kooperiert der Händler mit bestehenden Affiliate-Netzen wie Zanox, Tradedoubler oder Afilinet.

Eigenes Affiliateprogramm

Große Online-Händler wie *Amazon, Otto* oder *Neckermann* betreiben ihre eigenen Partnerprogramme. Auch für kleine Unternehmen ist passende Software verfügbar. Dies ist besonders dann sinnvoll, wenn ein geschlossenes Partnerprogramm mit eigenen Partnern aufgesetzt werden. Der große Nutzen der offenen Affiliate-Programme liegt nämlich darin, dass diese bereits über ein immens großes Netzwerk potenzieller Affiliates verfügen.

3.4.2 E-Mail-Marketing

Um es gleich vorweg zu sagen: Die Stärke von E-Mail-Marketing ist die Kundenbindung. Auch zur Neukundengewinnung lässt es sich prima einsetzen. Aber Vorsicht: Im Direktmarketing dürfen Sie Postadressen mit Werbung anschreiben, im E-Mail-Marketing gelten andere Regeln: Jede ohne ausdrückliche Einwilligung des Empfängers verschickte E-Mail ist laut UWG (Gesetz gegen den unlauteren Wettbewerb) eine Belästigung. Eine E-Mail-Adresse ist erst wertvoll, wenn der Empfänger dem Anbieter erlaubt hat, ihm Werbung zu schicken.

Adressen mieten

Natürlich können Sie auch Adressen mieten. Aber auch hier: Vorsicht! Mieten bedeutet im seriösen E-Mail-Marketing nicht, dass Sie eine Adressliste bekommen. Vielmehr wird Ihre E-Mail vom Versandsystem des Adresseigners aus verschickt. Der Grund: Erstens haben die Empfänger dem Adresseigner und nicht Ihnen die Einwilligung erteilt. Zweitens kann eine Einwilligung auch elektronisch widerrufen werden. Dabei wird die Adresse beim Versender auf „inaktiv" gesetzt. Wenn Sie nun also eine Liste von E-Mail-Adressen erhalten, können Sie niemals ausschließen, dass eine dieser Adressen gerade von einem anderen Kunden angeschrieben wurde und dabei die Einwilligung widerrufen hat.

Co-Registrieren

Auf der eigenen Homepage sollten Sie daher selbstverständlich ein Formular haben, auf dem Interessenten ihre Einwilligung geben können. Ebenso können Sie aber auch auf den entsprechenden Formularen potenzieller Partner eine Einwilligung für sich einholen. So kann ein Autohaus in seinem Newsletter-Anmeldeformular durchaus den Newsletter der kooperierenden Bank mit anbieten. Gewinnspiele sind der schnellste Weg der Adressgewinnung (*Co-Sponsoring*). Manche Dienstleister sind wahre Profis im Gewinnen von E-Mail-Adressen durch Gewinnspiele. Bei solchen Anbietern können Sie ebenfalls in das Anmeldeformular eine Einwilligung für sich selbst mit einbauen.

Eigene Verteiler aufbauen

Am nachhaltigsten ist noch immer der Aufbau eines eigenen Adressverteilers, an den dann regelmäßig ein Newsletter verschickt wird.

Adresseingabe

In der Online-Kommunikation gilt die Regel „mit wenigen Klicks zum Ziel". Am besten nur mit einem, denn mit jedem weiteren Klick verlieren Sie fünfzig Prozent der Interessenten. Also packen Sie das Eingabefenster für die E-Mail-Adresse einfach gleich auf die Startseite.

Guten Grund nennen

Dass auch Ihr Unternehmen inzwischen einen Newsletter hat, interessiert nur Freunde Ihrer Firma. Sprechen Sie auch andere an, indem Sie fragen:

- Was verpasse ich?
- Was bekomme ich, was andere nicht bekommen?
- Was bekomme ich vor allen anderen?

Jeder Kontakt zu Interessenten ist eine Chance, nach der E-Mail-Adresse zu fragen.

3.4.3 Domainmarketing

Wie bei Suchwortanzeigen ist es nicht schlecht, wenn Sie möglichst viele Domains aus Ihrem Umfeld registrieren. Erwarten Sie jedoch nicht allzuviele Besucher. Schalten Sie bei allen Domains eine Weiterleitung auf Ihre Hauptdomain. Der einfachste Weg führt hier über spezialisierte Domainanbieter, die die gesamte Domainverwaltung für Sie in einem einzigen System realisieren. Dabei ist egal, wo Ihre Domains gehostet sind. Bei Anbietern wie United-Domains können Sie also all Ihre Strato- und 1&1-Do-

mains sowie alle bei weiteren Providern untergebrachten Domains unter einem Dach verwalten und weiterleiten.

Web 2.0

Unter dem Stichwort „Web 2.0" verbreitet sich im Internet Goldgräberstimmung. Gemeint sind damit Webseiten, auf denen die Nutzer selbst aktiv werden. Dieses „Mitmach-Web" fesselt die Besucher weit mehr, als die von „normalen" Unternehmen zusammengestellten Angebote. Die Mediennutzungszeit verlagert sich von klassischen statischen Webseiten hin zum „Social Web". Das sind lebendige Webseiten, die ihre Leser in allen erdenklichen Formen einbinden. Dabei stehen die Unternehmen vor einer Entscheidung: Was darf der Kunde und wo schadet es dem Unternehmensimage? Um diese Webseiten aktiv für die Neukundengewinnung einzusetzen, fehlt bisher das Patentrezept.

Tipps für erste Web 2.0-Erfahrungen:
- Beobachten Sie Blogs: www.technorati.com
- Richten Sie einen eigenen Blog ein: www.blog.de
- Bauen Sie Fotos im Blog ein: www.flickr.com
- Bauen Sie Videos im Blog ein: www.youtube.com
- Speichern Sie Lesezeichen: www.mister-wong.de

Beobachten Sie „Social Web"-Seiten, um zu wissen, wo und in welcher Form Sie Ihre Zielgruppe ansprechen könnten. Unternehmen stellen zum Beispiel Werbefilme bei YouTube online.

30 MINUTEN

4. Wie Sie Kunden binden

Auch zur Kundenbindung ist das Internet wunderbar geeignet. Voraussetzung dafür sind gute Inhalte auf der Homepage und ein Weg, Kunden immer wieder auf die Homepage aufmerksam zu machen.

4.1 Besucher der Homepage binden

Wichtig ist die bequeme Nutzbarkeit der Homepage. Eine Webseite ist ein Automat, der eine Reihe Dienstleistungen effizienter anbieten kann als ein Callcenter oder eine Filiale. Sicher geht nichts über den persönlichen Kontakt, aber es gibt eine Reihe von Stärken des Internet. Man kann bequem nach den Öffnungszeiten schauen, Produkte konfigurieren, Antworten auf Fragen finden.

4.1.1 Stickyness

Sie kennen das? Sie „kleben" förmlich an einer Webseite. Die Inhalte fesseln Sic – warum ist das so?
1. Ihr Auge bleibt hängen: Das Auge wird automatisch an die richtige Stelle geführt (siehe Kap. „Usability").

2. Etwas interessiert Sie wirklich: Der Anbieter scheint zu wissen, wofür Sie sich interessieren. Und das ist das Thema des nun folgenden Kapitels: Was interessiert Ihre Nutzer? Wie Sie das herausfinden? Ganz einfach: Reden Sie mit Personen, die in Ihrem Unternehmen in der Telefonzentrale, an der Hotline oder im Callcenter sitzen. Diese Personen wissen genau, was auf die Homepage muss: Anfahrtskizze, Öffnungszeiten, Preise, Termine usw. Bauen Sie ein Beratungsportal auf! Multiplizieren Sie die Verweilzeit der Besucher auf den Beratungsseiten des Unternehmens mit dem durchschnittlichen Stundensatz einer fest angestellten Beratungskraft: Das ist die Zeit, die sich die Webseite nimmt, um Ihre Kunden zu beraten. Wenn Sie dieses Geld nun in den Aufbau eines wirklich guten Beratungsportals stecken, haben Sie richtig investiert. Hier ein Beispiel eines Unternehmens, das seine Kunden online berät:

Bei DELL können sich die Interessenten in Ruhe ihren PC zusammenstellen. Die Konfiguration kann abgespeichert werden, man kann eine Nacht drüber schlafen oder den Link an einen Bekannten schicken, der sich das Ganze anschaut. Zu allen Auswahlmöglichkeiten gibt es eine ausführliche Beschreibung. Sobald der Rechner bestellt ist, kann man sich online informieren, wann er genau geliefert wird.

Die gängigsten Kundenwünsche an eine Webseite:
- *Bewertung von Produkten*
- *Fotos mit Zoomfunktion*

- *Ansichten im 3D-Format*
- *Konfiguration von Produkten*
- *Empfehlungen*
- *Merk- und Wunschlisten*

4.1.3 Die Kür: Community aufbauen

Nutzen Sie das Interesse Ihrer Kunden an Ihren Produkten und bieten Sie eine Plattform zum Meinungsaustausch! Ehrlicher Kundendialog rechnet sich. Einige große deutsche Händler bieten ihren Kunden bereits die Möglichkeit, auf den eigenen Webseiten Kommentare zu speichern. *Amazon*, *Otto* und *Globetrotter* sind hier Vorreiter. Der Vorteil dieser Vorgehensweise: Kunden sind die besten Verkäufer. Kunden, die Produkte empfehlen, sind glaubwürdiger als Mitarbeiter des Unternehmens.

4.2 E-Mail-Marketing

E-Mailings sind das Pendant zum klassischen Direct-Mail, dem Brief an Kunden oder Interessenten.

4.2.1 Formen des E-Mail-Marketing

Mit einem elektronischen Mailing können Sie Dinge wie zum Beispiel Messeeinladungen bequem, schnell und kostensparend versenden, wenn der Kunde damit einverstanden ist. Der klassische Newsletter wird von einem Unternehmen an Kunden und Interessenten verschickt, um durch diesen Service die Bindung an das

Unternehmen zu stärken. Der Newsletter enthält Informationen, die für die Empfänger so interessant sind, dass sie gerne diesen kostenlosen Service nutzen. Für Unternehmen ist der E-Mail-Newsletter die elektronische Kundenzeitung. Wenn ein Newsletter ausschließlich aus Produktangeboten besteht, spricht man vom E-Katalog. Hier finden Sie meinen Newsletter: absolit.de/news.

4.2.2 Ziele von E-Mail-Marketing

Durch den Einsatz der E-Mail-Kommunikation mit Kunden und Interessenten lassen sich eine Reihe von Unternehmenszielen unterstützen.

- Imageverbesserung, Branding
- Abverkauf von Produkten und Dienstleistungen
- Mailingkosten sparen
- Kundenkontakt intensivieren
- Kundendialog verbessern
- Service verbessern
- Schneller werden

Marktforschung ist das wichtigste Ziel: Hier liegt die Stärke von E-Mail-Marketing. Sie sehen sofort, welche Meldungen mit welchen Betreffzeilen gelesen oder gelöscht werden. Sie lernen, welche Produkte zwar Interesse wecken, aber nicht gekauft werden. Sie erfahren, welche Zielgruppen sich für welche Themen interessieren. Sie können auch ganze Werbekampagnen vorab mit Ihrem E-Mail-Verteiler testen und präzise analysieren, bevor Sie damit in die Öffentlichkeit treten.

4.2.3 Rechtslage

Wer seine E-Mails rechtssicher gestaltet, erspart sich die Abmahnung. Hier die wichtigsten Fragen, die Sie mit „Ja" beantworten sollten.

1. Haben Sie eine Einwilligung?

Unangeforderte E-Mails sind Spam und Belästigung in Reinform. Deshalb fragen Sie immer, bevor Sie jemanden auf Ihren Verteiler setzen. Einzige legale Ausnahme: bestehende Geschäftsbeziehungen. Aber auch da sollten Sie jemanden nur dann mit Ihrem Newsletter beglücken, wenn er das will.

2. Ist Ihre Einwilligung korrekt?

Bei einer juristisch korrekten Einwilligung müssen Sie auf die Abbestellmöglichkeit sowie auf den Umgang mit den Daten hinweisen. Wenn Sie personenbezogene Daten wie zum Beispiel eine E-Mail-Adresse speichern, müssen Sie auf die Zweckbestimmung der Erhebung, Verarbeitung und Nutzung hinweisen.

3. Ist Ihre Einwilligung protokolliert?

Ob per Telefon, Antwortfax, Postkarte oder auf der Homepage: Hauptsache, Sie protokollieren die Einwilligung ordentlich. Zudem muss der Inhalt der Einwilligung jederzeit abgerufen werden können. Dazu senden Sie den Einwilligungstext einfach per E-Mail an die angegebene E-Mail-Adresse. Und speichern Sie Datum und Umstände der Einwilligung in Ihrer Datenbank.

4. Können Sie die Einwilligung beweisen?

Der Hauptgrund für Beschwerden ist die Vergesslichkeit der Empfänger. Wenn Sie auf die Frage „Woher haben Sie meine E-Mail-Adresse" antworten können, dass Ihr Kunde am 21.6.07 auf der Seite www.firma.de/karibik an einer Verlosung einer Karibikreise teilgenommen hat, genügt das völlig. Optimal ist das Double-Opt-In-Verfahren, bei dem der Adressat nachweislich auf eine E-Mail an seine eigene Adresse geklickt hat.

5. Anonymität, Abbestellmöglichkeit, Impressum

Außer der E-Mail-Adresse darf es keine Pflichtfelder wie Name oder Adresse geben, damit die gesetzlich geforderte anonyme Nutzung möglich ist. Auch andere Hürden sind verboten: Sie dürfen die Erbringung von Telediensten nicht von der Einwilligung des Nutzers in die Verarbeitung seiner Daten für andere Zwecke abhängig machen. Zudem muss der Empfänger der elektronischen Werbung jederzeit bequem widersprechen können. Dazu muss jede E-Mail am Ende auch immer eine Abbestellmöglichkeit enthalten. Wie die Webseite braucht ein Newsletter ein komplettes Impressum, das nicht aus einem Hyperlink auf das Webimpressum besteht, sondern in der E-Mail Namen, Anschrift, Vertretungsberechtigten, Telefonnummer, E-Mail-Adresse, Handelsregister- und Steuernummer enthält. Also all das, was auch auf Ihrem Briefpapier steht.

4.2.4 Formale Aspekte der Gestaltung

Achten Sie darauf, dass Sie als Firma als *Absender* klar erkennbar sind Die *Betreffzeile* soll verraten, warum es lohnt, gerade diesen Newsletter zu öffnen. Mit der *persönlichen Anrede* wird der elektronische Brief eröffnet. Das persönliche Anschreiben ist auch in Newslettern üblich. Das Anschreiben (Editorial) ist extrem kurz (etwa drei Zeilen) und persönlich unterschrieben. Manche Newsletter verwenden auch eingescannte Unterschriften oder ein Foto des Absenders. Ein Newsletter sollte sehr übersichtlich strukturiert sein. So stehen am Anfang die wichtigsten Schlagzeilen bzw. Produktmeldungen als Inhaltsübersicht. Die Fußzeile enthält eine Reihe formaler Elemente, wie z. B. die Abbestellmöglichkeit. Ein Newsletter unterscheidet sich von Spam durch eine bequeme Abbestellfunktion. Geben Sie den Lesern auch die Möglichkeit, ihre Daten selbst zu pflegen, indem Sie auf ein Adressänderungs-Formular verlinken oder Weiterempfehlungen möglich machen.

Newsletter-Check
- Ist die Firma als Absender klar erkennbar?
- Enthält die Betreffzeile eine relevante Information?
- Ist ein Inhaltsverzeichnis vorhanden?
- Ist das Abbestellen bequem möglich?
- Wird zum Weiterempfehlen aufgefordert?
- Kann ein Leser selbst seine Adresse ändern?
- Ist das Impressum komplett?
- Ist die Anrede korrekt?

Derzeit gibt es keine allgemeingültigen Standards für Gestaltung und Aufbau. Die meisten Newsletter kommen im HTML-Format mit Bildern. Bei professionellen Newslettern liegt das Verhältnis von Text zu Bild meist bei 1:3.

4.2.6 Tipps für professionelles Online-Texten

Niemand will lange am Monitor sitzen. Also gilt es, schnell und präzise zur Sache zu kommen:

1. Überschriften wecken Interesse und sollen kurz und knapp formuliert sein. Beispiel: Die Bild-Zeitung: „Wir sind Papst".

2. Geben Sie einen kurzen, knappen Überblick über die Themen. Das suchende Auge möchte schnell die Überschriften und sogenannten Teasertexte überfliegen.

3. Schreiben Sie seriös, sachlich und persönlich. Die direkte Anrede ist sinnvoll, sollte aber nicht übertrieben werden. Sagen Sie einfach, was Sie zu sagen haben.

4. Wissen Sie, mit welchen Fragen, Themen oder Problemen sich Ihre Zielgruppe gerade beschäftigt? Schreiben Sie darüber oder sprechen Sie das Thema an.

5. Wichtig außerdem: kurze Worte. Die simpelsten und schlagendsten Worte sind die besten. Wörter mit mehr als fünf Silben sind tabu. Schreiben Sie in kurzen Hauptsätzen. Gliedern Sie eine Textwüste in Absätze.

6. Erzeugen Sie Kino im Kopf. Sind Ihre Texte abstrakt, oder kann der Nutzer sich bildlich etwas darunter vor-

stellen? Nutzen Sie farbige Ausdrücke und Adjektive.

7. Nutzen Sie Verben, dann lebt die Aussage. Verben werben – sagen zumindest die Werber.

4.2.7 Software

Eine Liste der wichtigsten Softwareanbieter finden Sie hier: http://www.marketing-boerse.de/Unternehmen/katalog/Software-CRM/E-Mail-Marketing

Es gibt drei wichtige Gründe, warum professionelle E-Mail-Marketing-Software eingesetzt wird:

- *Die Adressverwaltung ist rechtssicher automatisiert. Wenn jemand sein Einverständnis widerrufen hat, sorgt die Software dafür, dass an diese Adresse keine E-Mails geschickt werden.*
- *Rückläufer werden automatisch verwaltet. Erlöscht eine E-Mail-Adresse, wird sie automatisch vom System auf inaktiv gesetzt.*
- *Die Auswertung der angeklickten Hyperlinks geschieht konform zum deutschen Datenschutz anonymisiert. Sie können also messen, welche Links stärker angeklickt wurden und welche weniger oft, dürfen aber aus Datenschutzgründen nicht wissen, welche Person hinter einem Hyperlink steckt.*

30 MINUTEN

5. Online-Marketing für Profis

Mehr und mehr Dinge werden heute online erledigt oder zumindest teilweise online abgewickelt. Weblogs sind nur eine der neuen Kommunikationsformen. Pressearbeit ist heute ohne Internet gar nicht denkbar.

5.1 Im Netz Präsenz zeigen

Aufgrund der knappen Struktur des Buches können nicht sämtliche Möglichkeiten des professionellen Online-Marketing ausführlich beschrieben werden. Daher hier in aller Kürze das Wichtigste: Wenn es zu Ihrem Unternehmen und zu Ihrer Unternehmenskultur passt, dann *bloggen* Sie. Ein *Weblog* ist eine Art Online-Tagebuch, wo - in chronologischer Reihenfolge - Dinge publiziert werden, die aus der Sicht Ihres Unternehmens wichtig sind. Der Erfolg eines Weblogs hängt stark davon ab, wie weit andere das auch für wichtig, witzig oder interessant halten. Wenn Sie also nur die „normalen" Presseverlautbarungen Ihrer Firma im Blog haben, dann ist das weniger interessant als die persönlichen Ansichten eines schreibgewandten Mitarbeiters (oder des Chefs selbst). Frosta macht es ganz gut, Fischer hat sein Fixingblog wieder aufgegeben. Der Möbelmacher Herwig Danzer ist dagegen ganz zufrieden mit der Nachhaltigkeit. Aber bitte unterschätzen Sie nicht die Arbeit, die darin steckt. Auch wenn die Technik dafür wirklich so einfach ist wie ein Textprogramm, so benötigt man doch ein Portion Selbstdisziplin, um jede Woche etwas zu schreiben. Björn Harste, Filialleiter eines Supermarkts in Bremen, macht das sogar täglich. Und er schreibt so gut, dass *shopblogger.de* zu einem der beliebtesten deutschen Weblogs aufgestiegen ist.

Soziale Netzwerke wie *LinkedIn* oder *Xing* spielen zunehmend auch eine Rolle für die Selbstvermarktung. Auch durch einen Eintrag in Dienstleisterverzeichnisse wie zum Beispiel *marketing-boerse.de* steigern Sie Ihre Reichweite. Über den praktischen Nutzen von dreidimensionalen Welten wie *Secondlife* wird diskutiert. Gleiches gilt für Kommunikationsdienste wie *Twitter*.

5.1.1 Weblogs

Sollten Sie sich dazu entscheiden, ein Weblog zur Steigerung des eigenen Bekanntheitsgrades aufzusetzen, sind folgende Tipps zu beachten:

- Tragen Sie sich in Blog-Verzeichnisse ein: blog-scout.de, bloggerei.de, blogalm.de.

- Erstellen Sie eine Liste von Blogs, die Sie Ihren Lesern empfehlen. Diese Blogroll gibt Ihnen die Möglichkeit zum Linktausch.
- Nutzen Sie Social Bookmark-Dienste, um Ihr Blog bekannt zu machen: mister-wong.de, del.icio.us, digg.com, yigg.de.
- Lesen Sie andere Blogs und kommentieren Sie dort Beiträge, die zu Ihren eigenen Thema passen.
- Zitieren Sie andere Blogeinträge in Ihrem eigenen Blog, wenn es thematisch passt.

5.2 Online-Pressearbeit

Eines der effizientesten Instrumente des Online-Marketing ist die Pressearbeit. Das hat im Wesentlichen drei Gründe:

1. Der elektronische Versand von Pressemeldungen ist preiswerter, schneller und bequemer als per Fax oder Brief. Es gibt unzählige Online-Presseportale, durch die bequem die eigene Reichweite erhöht werden kann.

2. Für Journalisten ist das Internet das wichtigste Arbeitsmittel geworden: Elektronische Pressemeldungen lassen sich leichter verarbeiten. Es können schneller Hintergrundinformationen recherchiert oder weiteres Pressematerial auf der jeweiligen Unternehmenshomepage abgerufen werden.

3. Jede mit einem Hyperlink publizierte Pressemeldung ist ein Gewinn für die Linkpopularität beim Suchmaschinenmarketing.

5.2.1 Presseverteiler aufbauen

Bauen Sie sich sukzessive einen *Online-Presseverteiler* auf. Schauen Sie im Impressum von Zeitungen und Zeitschriften nach, wer zuständig ist und fragen Sie im Zweifelsfall noch einmal nach. Nutzen Sie jede Gelegenheit, die Journalisten persönlich kennenzulernen. Redaktionsbesuche wirken oft Wunder, außerdem können Sie die Hintergründe Ihres Unternehmens erläutern. Die Wahrscheinlichkeit, dass Ihre per E-Mail verschickte Pressemitteilung nicht untergeht, steigt durch drei Faktoren, von denen Sie zwei beeinflussen können:

- Wenn Ihr Unternehmen bekannt und bedeutend ist.
- Wenn der Empfänger Sie persönlich kennt.
- Wenn der Empfänger Sie als jemanden kennt, der regelmäßig interessante Pressemeldungen verschickt.

Daher: Pflegen Sie Ihren E-Mail-Presseverteiler regelmäßig und achten Sie darauf, dass Sie nur die jeweils zuständigen Journalisten ansprechen. Halten Sie den persönlichen Kontakt, um herauszufinden, wofür sich die Presse an Ihrem Unternehmen noch interessieren könnte.

5.2.2 Pressemitteilungen

Für die Gestaltung von *Pressemitteilungen* gibt es Regeln. Da unterscheidet sich *Online-PR* nur in einem Punkt: Es können Hyperlinks eingefügt werden, die auf weitergehende Inhalte verweisen. Ansonsten gilt:

1. Nutzen Sie kurze knackige Überschriften mit Verben und bildhafter Sprache.
2. Bieten Sie immer eine Hauptüberschrift und 2-3 Alternativ-Überschriften an.
3. Eine Einleitung, die die wichtigsten Wer-Was-Wann-Wo-Fragen beantwortet und für sich isoliert publiziert werden kann.
4. Nicht mehr als eine DIN-A-4-Seite nutzen.
5. Originalzitate zur Belebung des Textes einfügen.
6. Ans Ende einer Pressemeldung gehören die Kontaktdaten des Ansprechpartners und eine kurze Unternehmensbeschreibung.

5.2.3 Online-Pressebereiche

Ein Schattendasein führen viele Online-Pressebereiche deutscher Unternehmen. Noch immer hat sich nicht herumgesprochen, dass Journalisten heute lieber schnell im Web nachsehen, wenn sie ein Foto des Firmenchefs brauchen. Wenn sie es nicht finden, dann erscheint der Artikel halt ohne Foto.

Noch ein Tipp: Das Bereitstellen von Bildmaterial ist für Journalisten die wichtigste Anwendung überhaupt. Sie müssen deshalb nicht Ihre Webdesigner nerven. Laden Sie die Bilder einfach und bequem auf die Bilddatenbank Flickr hoch und verlinken Sie darauf. Flickr macht dann gleich ein Slideshow daraus und sie haben alles stressfrei sofort online. Das können Sie wunderbar auch bei Events nutzen.

Das gehört in den Pressebereich

- Bilddatenbank/Bildarchiv (Druckqualität)
- Kontaktdaten der Ansprechpartner
- Archiv aller Pressemitteilungen, Videos, Audiosmitschnitte von Pressekonferenzen
- Pressemappen
- Veröffentlichungen über das Unternehmen
- Pressetermine und Presseverteiler sowie dazugehörige Wegbeschreibungen
- Online-Anmeldung zu Veranstaltungen
- Informationen zum Unternehmen
- Präsentationen, Prospekte, Flyer (jeweils als PDF)
- Imagefilme
- Publikationen (auch zum Download)
- RSS-Feeds und Factsheets
- Geschäftsberichte
- White-Papers

Der sichtbare Bereich Ihrer Homepage wird durch die Wörter „Impressum" (für die Kunden, die eine Telefonnummer suchen) und das Wort „Presse" belebt. Journalisten finden übersichtlich angeordnet alles, was sie brauchen. Die Fotos sind verkleinert zu sehen und können in Printqualität runtergeladen werden. Darüberhinaus finden sich nicht nur Fotos von Mitarbeitern, sondern auch das Firmengebäude und Firmenlogo(s). Eine Unternehmensbeschreibung ist ebenso vorhanden wie ein Archiv sämtlicher Pressemitteilungen, am besten chronologisch gelistet und mit einem Teasertext versehen.

5.2.4 Presseportale

Ihre Pressemitteilung versenden Sie nicht nur an Ihren Presseverteiler, sondern publizieren sie auch noch online auf Presseportalen. Es lohnt sich, hier etwas Geld in die Hand zu nehmen, um die eigene Reichweite zu erhöhen. Manche Dienste bieten den E-Mail-Versand Ihrer Meldung an Journalisten an.

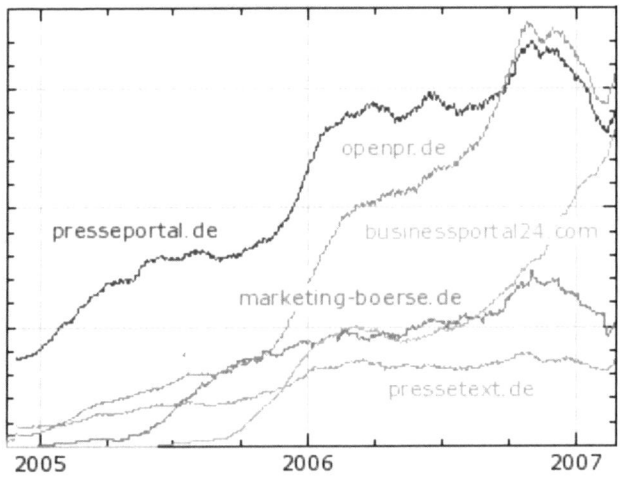

Abb: Relative Reichweite großer Presseportale (Datenbasis: Alexa)

5.3 Erfolgsmessung

Das wirklich Besondere am elektronischen Marketing ist die präzise Messbarkeit aller Aktionen. Jeder Kundenkontakt wird entsprechend protokolliert. Dabei müssen drei Dinge grundsätzlich unterschieden werden:

1. Die Messung allgemeiner Kennzahlen im Internet. Dabei können Sie Ihre eigenen Werte mit denen Ihrer Mitbewerber vergleichen. Diese Zahlen sind öffentlich zugänglich.

2. Die Messung spezieller Kennzahlen Ihres Webauftritts durch Ihre eigenen Analysen. Diese detaillierten Zahlen sind nur Ihnen zugänglich. In den meisten Fällen handelt es sich um anonyme Messungen.

3. Die Erfolgsmessung Ihres E-Mail-Marketing. Hier werden, wie im Direktmarketing üblich, personenbezogene Daten erhoben. Die Verknüpfung mit Nutzerdaten (Klickverhalten) ist datenschutzrechtlich nicht erlaubt.

5.3.1 Allgemeine Internet-Kennzahlen

Was sind Allgemeine Internet-Kennzahlen? Eine ganze Reihe von Kennziffern geben Ihnen einen zumindest groben Überblick über die Webseiten beliebiger Unternehmen. Je kleiner ein Unternehmen, desto ungenauer diese Zahlen. Für Webseiten, die von Werbung leben, gibt es ein einheitliches und recht präzises Erhebungsinstrument, die „Informationsgemeinschaft zur Feststellung der Verbreitung von Werbeträgern e.V." kurz

IVW. Unter der Adresse http://www.ivwonline.de/ ausweisung2/suchen2.php können Sie detailliert Besuche und Seitenabrufe der 500 größten deutschsprachigen Webseiten abrufen.

Die Daten sämtlicher Webseiten finden Sie bei *Alexa*. Dieses auf die Messung von Internet-Besucherströmen spezialisierte Unternehmen misst über die bei vielen Nutzern installierte Browsererweiterung „Alexa-Toolbar". Die Daten sind nicht repräsentativ, erlauben jedoch eine grobe Schätzung der Reichweite einer Website. Gemessen wird weltweiter Rang, Reichweite und Zahl der abgerufenen Seiten. Besonders interessant ist die Messung von Zeitreihen und der Vergleich mehrerer Webseiten miteinander. Ausgegeben werden auch Ranglisten, so zum Beispiel die reichweitenstärksten Angebote aus dem Bereich Marketing und Werbung. Bisher etwas weniger Daten hat *Compete.com*, das ebenfalls mit einer Toolbar arbeitet. Anders als bei Alexa gibt es dieses Browser-Plugin aber nicht nur für den Explorer, sondern auch für Firefox.

Und hier zusammengefasst einige Datenquellen:

IVW.de; Alexa.com; Compete.com; Seitwert.de; Quantcast.com

5.2.3 Kennzahlen der Webseite

Webserver sind wie Buchhalter: Minutiös wird jeder einzelne Zugriff liebevoll protokolliert. Die dabei anfallenden „Logfiles" (Protokolldateien) können von entsprechenden Analyseprogrammen ausgewertet werden. Wenn Sie wissen wollen, welche Kanäle der Online-Neukundengewinnung am wirksamsten sind, benötigen Sie Zahlen! Sie erfahren, wie viele Besucher über welche Suchmaschinen kamen, wie viele über Links auf anderen Webseiten und wie viele die Adresse direkt in ihr Browserfenster getippt haben oder sie in den Lesezeichen gespeichert hatten. Ebenfalls sehr interessant: Sie messen, welche Suchbegriffe Ihnen wie viele Besucher gebracht haben. Hier finden Sie eine solche Analyse live: http://www.marketing-boerse.de/Redir/Besucher

Was messen Sie?

Besucherzahl, Seitenabrufe, Verweilzeit, Anteil wiederkehrender Besucher, Herkunft der Besucher, die häufigsten Suchworte, die häufigsten Suchmaschinen-Webseiten, die via Hyperlink die meisten Besucher brachten, Einstiegseiten, Klickpfade, usw. Mit professioneller Software sind Kennzahlen also bequem erfassbar: Zahlreiche Firmen versenden mit einer Software, die kein vernünftiges Bounce-Management hat, sodass der Verteiler viele tote Adressen aufweist. Vorteil: der Verteiler sieht richtig groß aus. Nachteil: Öffnungs- und Klickraten sind niedriger und Mailings, die viele Fehler produzieren, werden von manchen Providern als vermeintlicher Spam geblockt.

5.3.3 Kennzahlen im E-Mail-Marketing

Eine gute, professionelle Software weist aus, welche E-Mails auch den Empfänger erreicht haben und welche mit Fehlermeldungen zurück kamen. Die *Öffnungsrate unique* weist den Anteil der Empfänger aus, die eine E-Mail geöffnet haben. Die *Klickrate unique* zählt den Anteil der Empfänger, die mindestens einen Link in einer E-Mail angeklickt haben. Im Gegensatz dazu misst einfache Software nur, wie viele Klicks es insgesamt gab. Das ist die Klickrate. Im Gegensatz dazu kann professionelle Software messen, wie viele der Empfänger mindestens einmal geklickt haben. Das ist die *Klickrate unique*.

Fast Reader

1. Die Bedeutung des Online-Marketing

Kombinieren Sie bei Ihrer Marketing-Strategie Offline- und Online-Maßnahmen. So können Sie beispielsweise einen Online-Shop, einen Katalog und ein Filialnetz sinnvoll miteinander verbinden. Wer die Filiale besucht, kann auch im Internet nachsehen oder den Katalog mitnehmen.

Es gibt vier gängige Online-Marketing-Instrumente:

- ***Usability: Nutzerführung auf der eigenen Homepage wird verbessert.***
- ***Suchmaschinen-Optimierung (SEO): Sich in Trefferlisten weiter oben platzieren***
- ***Web-Controlling: Auswertung der Klicks auf Homepage und Newsletter***
- ***E-Mail-Marketing und Newsletter, um Interessenten und Kunden zu kontaktieren***

2. Gestaltung der Homepage

Bei der Gestaltung Ihrer Homepage geht es weniger um ästhetische als vielmehr um praktische Aspekte: Findet der Nutzer, was er sucht? Und findet die Suchmaschine alles, was sie braucht, um die Seite hoch zu bewerten?

Die Erfolgsfaktoren einer erfolgreichen Website:

- *Intuitive Benutzerführung*
- *Übersichtliche Struktur*
- *Professionelles Webdesign*
- *Aktuelle Informationen*
- *Vertrauensbildende Elemente*
- *Mehrere Kontaktmöglichkeiten*

3. Wie Sie Neukunden gewinnen

Ziel Ihrer Online-Marketing-Strategie muss es sein, möglichst weit oben in den Trefferlisten der Suchmaschinen wie Google oder Yahoo zu erscheinen. Dafür wird der Begriff Search Engine Optimisation (SEO) verwendet. Nutzen Sie hier die Möglichkeiten seriöser Hyperlinks von Geschäftspartnern, Kunden oder Institutionen. Je mehr Links Sie haben, desto höher ist Ihre Reputation.
Werfen Sie beim Surfen ein Auge darauf, welche Seiten in Ihrem Bereich als „Autoritäten" gelten.

Wenn diese Seiten auf Sie verlinken, dürfen Sie sich freuen.

Daneben gibt es kostenpflichtige Suchwortanzeigen, von denen Sie in Ihrer Werbung Gebrauch machen können (Search Engine Marketing). Das reine Schalten der Anzeige kostet hier nichts, bezahlt wird nur, wenn ein Interessent die Anzeige anklickt. Je populärer die Suchworte, desto teurer sind sie meist. Diese Werbeform wird auch als Keyword Advertising, Sponsored Links, Paid Listings oder Paid Inclusions bezeichnet.

Sie können auch grafische Werbung einsetzen wie z.B. Banner. Neben statischen Bannern gibt es multimediale Banner, die Video-, Audio- oder dreidimensionale Elemente enthalten.

Mindestens genauso wichtig sind Affiliate Marketing (Strategische Vertriebskooperationen mit unterschiedlichen Provisionsmodellen) und E-Mail-Marketing.

Nutzen Sie außerdem die Möglichkeiten des „Mitmach-Web": Beobachten Sie Social-Web-Seiten, um zu wissen, wo und in welcher Form Sie Ihre Zielgruppe ansprechen könnten.

 Es gibt heute eine große Bandbreite von Möglichkeiten, wie Sie online neue Kunden gewinnen können. Das Wunderbare am Web ist die Chance, die eigenen Zielgruppen direkt anzusprechen und

sogar, wie beim Social Web, bei der Produktge-
staltung mit einzubinden.

4. Wie Sie Kunden binden

Damit Ihre Homepage einen wirklichen Nutzen für
Ihre Kunden bietet, müssen Sie zunächst heraus-
finden, welche Informationen diese auf Ihrer
Webseite erwarten.
Machen sie aus Ihrer Webseite ein umfassendes
Beratungsportal für Ihre Kunden.
Nutzen Sie das Interesse Ihrer Kunden und bieten
Sie zudem eine Plattform zum Meinungsaus-
tausch.
Auch durch den Einsatz von E-Mail-Kommunikati-
on – Werbemails und Newsletter - lässt sich der
Kundenkontakt intensivieren. So erfahren Sie,
welche Zielgruppen sich für welche Themen und
Produkte interessieren. Achten Sie darauf, Ihre E-
Mails rechtssicher zu gestalten. Sie benötigen
immer die Einwilligung der Kunden, bevor Sie sie
in Ihren Verteiler aufnehmen.
Verwenden Sie professionelle E-Mail-Marketing-
Software. Die Vorteile: Die Adressverwaltung ist
rechtssicher automatisiert, die Auswertung der
angeklickten Hyperlinks geschieht konform zum
deutschen Datenschutz anonymisiert.

30 *Nicht nur für die Neukundengewinnung, sondern auch zur Kundenbindung ist das Internet sehr gut geeignet. Voraussetzung dafür sind gute Inhalte auf der Homepage und ein Weg, Kunden immer wieder auf die eigene Webseite aufmerksam zu machen.*

5. Online-Marketing für Profis

Eines der effizientesten Instrumente des Online-Marketing ist die Pressearbeit. Die Vorteile: Der elektronische Versand von Pressemeldungen ist preiswerter, schneller und bequemer als per Fax oder Brief.

Elektronische Pressemeldungen lassen sich auch leichter verarbeiten. Zudem ist jede mit einem Hyperlink publizierte Pressemeldung ein Gewinn für Ranking beim Suchmaschinenmarketing.

Achten Sie darauf, Ihren Online-Pressebereich journalistenfreundlich zu gestalten, wie z.B. durch das Bereitstellen von geeignetem Bildmaterial.

Das Besondere am elektronischen Marketing ist die präzise Messbarkeit aller Aktionen. So können Sie messen, wie viele Besucher über welche Suchmaschinen auf Ihre Webseite kommen, wie lange sie darauf verweilen, ob und wie oft sie wiederkehren und aus welchem Bereich sie kommen.

Pressearbeit ist heute ohne Internet gar nicht mehr denkbar. Zeigen Sie daher Präsenz im Netz. Fördern Sie Ihren Unternehmenserfolg durch regen Kontakt zur Presse und, wenn es zu Ihrer Unternehmenskultur passt, durch Blogs. Messen Sie Ihren Marketingerfolg dank der minutiösen Protokollführung der Webserver.

30

Surftipps

Tipps und Tricks der Suchmaschinenoptimierung: http://www.abakus-internet-marketing.de/foren Seriöse Dienstleister für Suchmaschinenoptimierung: http://www.marketing-boerse.de/Auszeichnung/details/SEO-Zertifikat

Surftipps rund um Suchmaschinenmarketing:

- www.ranking-check.de/suchmaschinen.php
- www.ranking-spy.com/ranking
- www.backlinkwatch.com
- www.seitwert.de

Und hier finden Sie passende Suchworte:

www.metager.de/asso.html www.keyword-datenbank.de/topbegriffe.php http://inventory.overture.com https://adwords.google.com/select/KeywordToolExternal www.suchmaschinentricks.de/tools/kw_lookup.php3 www.sumaxx.de www.semager.de www.kwmap.com

Presseportale:

www.presseportal.de
www.firmenpresse.de
www.openpr.de
www.inar.de
www.marketing-boerse.de
www.online-pressearbeit.com

www.businessportal24.com
www.pressbot.net
www.pressetext.de
www.pressnetwork.de
www.pressrelations.de
www.globalewirtschaft.de
www.pressebox.de
www.pressemitteilung.ws
www.release-net.de
www.at-de.i-newswire.com
www.at-de.i-newswire.com
www.finanznachrichten.de
www.presseanzeiger.de
www.neuenachricht.de

Weiterführende Literatur

- Eck, Klaus: Corporate Blogs. Unternehmen im Online-Dialog zum Kunden –Orell Füssli, 2007
- Fischer, Mario: Website Boosting. Suchmaschinen-Optimierung, Usability... mitp, 2006
- Grimm, S.; Röhricht, J., Die Mulitichannel Company – Galileo Press, 2003
- Kaiser, T.; Effizientes Suchmaschinen-Marketing, Businessvillage, 2006
- Langner, S.; Viral Marketing, Gabler, 2005
- Radtke, A., Charlier, M., Barrierefreies Webdesign, Addison-Wesley, 2006
- Ruisinger, D., Online Relations, Leitfaden für moderne PR im Netz, Schäffer-Poeschel, 2007
- Schwarz, T., Leitfaden eMail Marketing und Newsletter-Gestaltung, Absolit, 2005
- Schwarz, T., Braun, G., (Hrsg.) Leitfaden integrierte Kommunikation – wie Web 2.0 das Marketing revolutioniert, Absolit 2006
- Schwarz, T. (Hrsg.), Leitfaden Online-Marketing, marketing-BÖRSE, 2007
- Strömer, Tobias H., Online-Recht, Dpunkt, 2006
- Stuber, L., Suchmaschinen-Marketing, Orell Füssli, 2004
- Theobald, A., Dreyer, M., Starsetzki, T., Online-Marktforschung, Gabler, 2003

Der Autor

Torsten Schwarz gilt als einer der profiliertesten Online-Marketing-Spezialisten in Deutschland. Er ist Autor mehrerer Bücher, mehrfacher Lehrbeauftragter und gehört laut der Zeitschrift acquisa zu den Vordenkern in Marketing und Vertrieb. 1994 stellte er einen der weltweit ersten Webserver online. Schwarz ist Herausgeber des Fachinformationsdienstes Online-Marketing-Experts. Der Online-Pionier war Marketingleiter eines Softwareherstellers und berät heute internationale Unternehmen. 2005 startete er das Dienstleisterverzeichnis Marketing-Börse.de, das nach nur zwei Jahren zu einem der drei größten deutschsprachigen Marketingportale zählte. Er leitet den Arbeitskreis Online-Marketing des Verbands der Deutschen Internetwirtschaft und ist Vorstand der German Speakers Association.

Register